Andreas Gigon | Felix Stauffer

Symbiosen beobachten

Haupt
NATUR

Andreas Gigon | Felix Stauffer

Symbiosen beobachten

Feldführer für unsere Wälder, Wiesen, Äcker, Seeufer und Stadtnatur

Haupt Verlag

Inhalt

Vorwort

Die Vielfalt an Pflanzen fällt wohl vielen Menschen bei Spaziergängen durch unsere Wiesen und Wälder auf. Wie ist ein solches Zusammenleben ganz verschiedener Pflanzen- und unzähliger Tierarten überhaupt möglich? Herrscht da nicht ein dauerndes Fressen-und-gefressen-Werden, ein Kampf ums Dasein? Solche Prozesse finden natürlich statt. Aber auch wechselseitige Förderungen zwischen den Arten, also Symbiosen, sowie nur einseitig förderliche, also positive zwischenartliche Beziehungen, sind in der und für die Natur unerlässlich. Dies wird im vorliegenden Buch anhand von neun charakteristischen mitteleuropäischen Ökosystemen dargelegt. Im Zentrum stehen dabei nur jene Symbiosen, die mit bloßem Auge oder mit einer Lupe beobachtet werden können oder die man hören bzw. mit anderen Sinnen erfassen kann. Bereits die nur relativ wenigen, in diesem Feldführer präsentierten Symbiosen lassen erleben und erkennen, wie wichtig sie für das Funktionieren der belebten Natur und für den Menschen sind. Beschreibungen zahlreicher weiterer Symbiosen finden sich z. B. im schön illustrierten Buch «Symbiosen» von Brandstätter und Reichholf (2016) sowie in «Symbiosen in unseren Wiesen, Wäldern und Mooren» von Andreas Gigon (2021).

Das vorliegende Buch ist kein Exkursionsführer für bestimmte geografische Regionen, sondern ein Feldführer mit in sich geschlossenen Kapiteln zu in Mitteleuropa häufigen Ökosystemen. In mehreren von diesen kommen sehr ähnliche Symbiosen vor, sodass Wiederholungen einzelner Beschreibungen unvermeidbar sind. Der Feldführer kann auch Anregungen zu eigenen weiteren Beobachtungen geben.

Ein wichtiges Element in diesem Buch sind die Förderungskonstellationen: Abbildungen von für das betreffende Ökosystem wichtigen sogenannten Zentralarten zusammen mit jeweils bis zu zehn verschiedenen Symbiosen und positiven Beziehungen, die von dieser Art ausgehen oder auf sie einwirken. Diese Konstellationen und die am Ende einiger Kapitel präsentierten Synthesezeichnungen zeigen Zusammenhänge auf und geben eine Übersicht über die präsentierten Symbiosen.

Was ist der Sinn des Beobachtens von Symbiosen und anderen positiven zwischenartlichen Beziehungen?

- Förderung von Naturerkenntnis. Um diesem Ziel näherzukommen, werden in Kap. 2 die häufigsten Symbiosen nicht nur detailliert beschrieben, sondern es wird jeweils auch auf ihre ökologische Bedeutung eingegangen.
- Erkennen (und Erleben), dass auch in Mitteleuropa viele interessante Symbiosen vorkommen – nicht nur in den Tropen und in den Meeren, wie dies aufgrund vieler Darstellungen in den Medien scheinen mag.
- Einsicht, dass die Symbiosen für das Funktionieren der Ökosysteme unerlässlich sind.

- Erweiterung des Wissens über die Symbiosen im Hinblick auf die Entwicklung von Erhaltungs- und Förderungsmaßnahmen für gefährdete symbiotische Arten.
- Erkenntnis, dass die Symbiosen für den Menschen lebensnotwendig sind u. a. für die Produktion von Nahrung. Auf diese Tatsachen wird in einem speziellen Kapitel eingegangen (Kap. 12).
- Ergänzung des landläufigen Bildes der Natur, in welchem meist der Kampf, die Konkurrenz, das Fressen-und-gefressen-Werden sowie das Recht des Stärkeren betont wird. Denn für das Funktionieren der Natur sind, wie bereits gesagt, auch die Symbiosen unerlässlich.
- Die Kenntnis von Symbiosen und positiven zwischenartlichen Beziehungen kann zu einem partnerschaftlicheren Verhältnis mit der Natur beitragen und das Engagement für ihre Erhaltung fördern.
- Nur was man kennt, kann man auch schützen!

Außerdem ist zu erwähnen:
- Die Schönheit und Komplexität der Symbiosen können die Betrachtenden zum Staunen bringen.
- Die Vielfalt an Symbiosen ist so groß, dass hier jeweils nur ein Bruchteil dargestellt werden kann. Es bleibt Raum für eigene Entdeckungen.
- Das Beobachten der Symbiosen geschieht draußen in der Natur, was zur physischen und psychischen Gesundheit beitragen kann.

Dieser Feldführer ist eine Ergänzung zum 2021 erschienenen Fachbuch «Symbiosen in unseren Wiesen, Wäldern und Mooren». Aus diesem Buch wurden zahlreiche Fotos übernommen. Zu den dort ausführlich beschriebenen Ökosystemen Wald, Waldrand/Hecke, Magerwiese, Moor, alpiner Rasen und Schuttflur werden im vorliegenden Feldführer weitgehend nur die leicht beobachtbaren Symbiosen dargestellt. Neu werden thematisiert: Stadtnatur, Feuchtwiese, Acker sowie Seeufer.

Dieses Buch richtet sich an Menschen, die Freude und Interesse an der belebten Natur draußen haben, insbesondere an Familien und an andere Gruppen auf Wanderungen sowie an Lehrpersonen, Studierende, Naturschutzfachleute und Exkursionsleiterinnen und -leiter.

1 Einleitung

1.1 Gliederung

Als Grundlage werden zunächst die Symbiosen und die einseitig positiven zwischenartlichen Beziehungen sowie verwandte Begriffe definiert. Es folgt eine Auflistung von Hilfsmitteln und Hinweisen für das Beobachten von Symbiosen. In den Kap. 2.1–2.6 werden dann sechs wichtige, in praktisch allen mitteleuropäischen Ökosystemen vorkommende Symbiosen beschrieben, insbesondere ihre ökologische Bedeutung. Beispiele solcher Symbiosen sind die Blütenbestäubung durch Insekten und die Mykorrhiza-Beziehung. Dank dieser Ausführungen kann in den anschließenden Kap. 3–11 mit den Präsentationen der einzelnen Ökosysteme auf die betreffenden Kap. 2.1–2.6 verwiesen werden und es wird vermieden, Grundlegendes beispielsweise zur Bestäubung bei jedem einzelnen Ökosystem zu beschreiben.

In den Kap. 3–11 wird zunächst das jeweilige Ökosystem mit einem Übersichtsfoto und einer kurzen Beschreibung vorgestellt. Es folgt meist eine «Foto-Galerie» von für das betreffende Ökosystem typischen und leicht erkennbaren insektenbestäubten Blüten. Diese Zusammenstellung soll erlauben, die z. T. recht ähnlichen Wiesen-Ökosysteme der Kap. 6, 7 und 8 voneinander zu unterscheiden. Anschließend wird immer in derselben Reihenfolge für jedes Ökosystem mit Fotos und kurzen Texten auf die bereits in den Kap. 2.1–2.6 beschriebenen Symbiosen eingegangen. Da diese in praktisch allen Ökosystemen vorkommen, ergeben sich Wiederholungen. Es folgen die Beschreibungen von weiteren, für das betreffende Ökosystem speziellen Symbiosen und positiven Beziehungen. Dies geschieht z. T. anhand bildlicher sogenannter Förderungskonstellationen (siehe S. 15). Den Abschluss der Präsentation der einzelnen Ökosysteme bildet meist eine Übersichtsdarstellung – eine Synthesezeichnung – mehrerer typischer Symbiosen und positiver Beziehungen. Das Bestreben ist, für die einzelnen Ökosysteme jeweils eine in sich geschlossene Darstellung zu geben.

In Kap. 12 wird auf die Bedeutung der Symbiosen in der Natur und für den Menschen eingegangen.

1.2 Was sind Symbiosen, positive Beziehungen und Förderungskonstellationen?

Im Zusammenhang mit Symbiosen und positiven zwischenartlichen Beziehungen werden viele Dutzend verschiedene Begriffe und ganz unterschiedliche Einteilungskriterien verwendet (siehe z. B. Schaefer, 2012). Im Folgenden wird nur ein Minimum von Begriffen benutzt und auf die Darstellung von Einteilungskriterien der verschiedenen zwischenartlichen Beziehungen verzichtet.

Symbiose

Die Symbiose wird im deutschsprachigen Raum definiert als eine Beziehung zwischen zwei Arten, von welcher beide profitieren; es liegt also eine wechselseitige Förderung, eine Win-win-Situation vor, die mit dem Symbol ++ charakterisiert wird. «Positiv» ist selbstverständlich nicht im menschlichen, moralischen Sinn gemeint. In der Wissenschaft und im Englischen umfasst der Begriff *symbiosis* auch den Parasitismus; für die Symbiose im engeren Sinn wird dann der Begriff Mutualismus verwendet.

In diesem Buch wird die Symbiose als eine für beide Partner positive Beziehung verstanden, die auch locker und kurzzeitig sein kann. Ein Beispiel hierfür ist die Bestäubungsbeziehung zwischen den Insekten und den Blütenpflanzen. Manchmal wird der Begriff der Symbiose der Einfachheit halber noch breiter verwendet, indem er auch die einseitig positiven zwischenartlichen Beziehungen umfasst (siehe unten).

Wichtig ist festzuhalten, dass die Symbiosen wie auch die einseitig positiven Beziehungen nicht konstant sind, sondern sich je nach den Umweltbedingungen ändern können. Das Wetter z. B. beeinflusst u. a. die Blühdauer, welche natürlich für die Bestäuber entscheidend ist.

Weiter sei darauf hingewiesen, dass aufgrund der Symbiosen auch Probleme entstehen können: Fällt nämlich einer der Partner in einer engen oder gar obligaten, d. h. unerlässlichen Symbiose aus, so ist meist auch der andere Partner gefährdet oder stirbt sogar lokal aus.

Schließlich kann zwischen zwei Arten neben einer positiven Beziehung gleichzeitig auch eine negative vorkommen. Beispielsweise versorgt die Vogel-Wicke auf Feuchtwiesen dank ihrer symbiotischen Knöllchenbakterien den Boden und somit Nachbarpflanzen wie Grasarten mit Stickstoffverbindungen (Beziehung +0, siehe Kap. 3.4). Gleichzeitig kann die Vogel-Wicke diese Pflanzen aber auch überwuchern und somit beschatten, eine negative Beziehung.

Die Vogel-Wicke versorgt den Boden mit Stickstoffverbindungen (Knöllchenbakterien) und fördert so benachbarte Gräser; andererseits beeinträchtigt sie diese durch Beschattung.

Einseitig positive zwischenartliche Beziehung
Dieser Begriff umfasst die Fälle, in denen eine von zwei beteiligten Arten von einer Beziehung profitiert und die zweite Art weder profitiert noch beeinträchtigt wird. Dies wird mit dem Symbol +0 charakterisiert. In diesem Feldführer wird dieser Beziehungstyp meist abgekürzt als positive Beziehung bezeichnet. In der Wissenschaft heißt er Kommensalismus. Beispiel: Die Samenköpfe der Kletten (Gattung *Arctium*) haften u. a. an vorbeistreifendem Vieh und gelangen so an neue Orte, wo aus den Samen dann neue Pflanzen aufwachsen können. Für die Pflanzen ist das positiv, für das Vieh hingegen bedeutungslos, weil es diese Pflanzen nicht frisst. Einseitig positive Beziehungen erscheinen auf den ersten Blick manchmal als trivial. Dies gilt z. B. für die Tatsache, dass Mistkäfer von Wildtierkot profitieren, da er eine wichtige Nahrung für sie ist, oder dass Amseln von Bäumen profitieren, weil sie in ihnen Nester bauen können. Solche einseitig positiven Beziehungen sind so häufig, dass man ihre Bedeutung oft nicht erkennt – aber man überlege einmal, wovon sich der Mistkäfer ernähren soll, wenn in einem Gebiet keine Wild- oder keine Nutztiere vorkommen, bzw. wie die Amsel in einem Gebiet ohne Bäume (oder Gebäude) langfristig leben kann.

Eigentlich könnten auch jene Fälle der Fraßbeziehung, in denen ein Fressfeind seine Nahrungsgrundlage (Beute) praktisch nicht beeinträchtigt, als einseitig positiv angesehen werden. Ein Beispiel hierzu ist die Beziehung zwischen dem Segelfalter und dem Schlehdorn. Die Falterraupe frisst so wenig Blattmaterial, dass der Strauch so gut wie gar nicht beeinflusst wird. Um das Bild der in diesem Buch behandelten Beziehungen nicht zu verwischen, werden Fälle wie der soeben erwähnte im Folgenden jedoch nicht berücksichtigt.

Indirekte positive Beziehung

Eine solche liegt z. B. zwischen einem Rosenstrauch und einer Kohlmeise vor, wenn diese die Rosenstiele aussaugenden Blattläuse frisst. Solche indirekt positiven Beziehungen lassen sich beliebig konstruieren. Sie können, da ein dritter Partner beteiligt ist, als Dreiecksbeziehung bezeichnet und mit dem Symbol +Δ0 oder +Δ+ gekennzeichnet werden. Im Folgenden werden indirekte Beziehungen nur dann präsentiert, wenn sie besonders interessant sind.

Die unten stehende Zusammenstellung fasst das soeben Dargelegte zusammen.

SYMBIOSE = Unmittelbare Beziehung zwischen zwei Arten, von der beide Arten profitieren. *Beidseitig* positive Beziehung, Typ: **++** (+* = obligat, also unerlässlich).

POSITIVE BEZIEHUNG = Kurzbezeichnung für **unmittelbare Beziehungen zwischen zwei Arten, von denen eine Art profitiert und die andere Art weder Vor- noch Nachteile hat. *Einseitig* positive Beziehung,** Typ: **+0** (+* = obligat)

INDIREKTE POSITIVE BEZIEHUNG, Typ: **+Δ0** oder **+Δ+** (Dreiecksbeziehung)
Art 1 profitiert indirekt von Art 2, weil diese den Einfluss einer Art 3 auf Art 1entsprechend beeinflusst. Schlagwort: «Der Feind meines Feindes ist mein Freund.»

Hinweise:

- Facilitation: Wissenschaftlicher Begriff für verschiedene zwischenartliche Förderungen.
- Förderungen zwischen Individuen derselben Art gehören nicht in die obigen Kategorien. Beispiele: Brutpflege oder Jagen im Rudel.
- Fraß, Parasitismus und Konkurrenz sind sogenannte gemischte Beziehungen, Typ +–. Manchmal werden diese Beziehungen auch als negativ bezeichnet.

Zu den Begriffen «Beziehung» und «Beziehungstyp»

Eine eigentliche Beziehung zwischen den Arten liegt in den in diesem Feldführer beschriebenen Fällen meist nicht vor. Vielmehr besteht eine Bezogenheit, die auf einer Interpretation durch den Menschen beruht. Im Folgenden wird auch dafür der Einfachheit halber der Begriff «Beziehung» verwendet. Es gibt aber auch Fälle, wo zwischen zwei Arten durch wechselseitige Anpassungen, die im Verlauf von Jahrmillionen erfolgt sind, eine eigentliche Beziehung entstanden ist. Dieser Prozess wird als Koevolution bezeichnet. Ein Beispiel hierfür ist die Symbiose zwischen einer Pflanzenart und einer bestimmten, auf sie spezialisierten Bestäuberart wie bei der Fliegen-Ragwurz und der Ragwurz-Zikadenwespe (siehe Kap. 7.1).

Ein Beziehungstyp ist die Gesamtheit von positiven Beziehungen, die auf dem gleichen ökologischen Prinzip oder sehr ähnlichen Prinzipien beruhen. Ein Beispiel ist der Beziehungstyp der Bestäubung von Pflanzen durch die verschiedensten Tierarten und -gruppen: Bienen, Schwebfliegen, Schmetterlinge und Käfer sowie in exotischen Gebieten auch Vögel, Fledermäuse und Vertreter anderer Tiergruppen.

Worin besteht das Profitieren bzw. die Förderung?

Als Vergleichsbasis für die Beurteilung, ob ein Profitieren bzw. eine Förderung vorliegt, dient die Situation, wenn die betreffende Art ohne die Symbiose-Partnerart lebt. Die Förderung eines Individuums bzw. einer Population (Gruppe von Individuen der gleichen Art, die in einem abgegrenzten Raum leben und sich untereinander fortpflanzen) kann umfassen:

- Wachstum bzw. mehr Nachkommen
- längere Lebensdauer
- Besiedlung neuer Lebensräume

Einige der beschriebenen positiven Beziehungen kann man als trivial bezeichnen. Da sie aber wichtig sind, wird trotzdem kurz auf sie eingegangen. Beispiel: Auf einer Wiese brauchen die Radnetzspinnen als Stütze für ihre Netze hohe Kräuter; diese sind also für die betreffenden Spinnen förderlich; es liegt dementsprechend eine für sie positive Beziehung vor.

Mehrere der in den einzelnen Hauptkapiteln beschriebenen Symbiosen und positiven Beziehungen lassen sich nicht direkt «in Aktion» beobachten. Sie werden jedoch trotzdem thematisiert, sofern deren Partner bekannt und häufig sind. Dies trifft z. B. auf den Eichelhäher und die Eicheln zu. Jedoch wird man kaum je beobachten können, wie der Vogel Eicheln versteckt – und sie dann vergisst oder nicht mehr findet, was als Versteckausbreitung bezeichnet wird. Sie ist förderlich für die Eichen. In anderen Fällen von positiven zwischenartlichen Beziehungen sind die Partner nicht oder nur schwer erkennbar, sondern nur deren Wirkung. Ein Beispiel hierfür ist der Abbau von Falllaub durch Kleintiere, Pilze und Bakterien des Waldbodens. Für alle diese Organismen ist das Falllaub letztlich die Nahrungsgrundlage, also förderlich. Man kann also sagen, dass hier eine Serie von verschiedenen positiven Beziehungen oder letztlich gar eine Symbiose vorliegt (siehe Kap. 2.6).

Förderungskonstellation und Förderungsnetz

Eine Förderungskonstellation ist die bildliche Darstellung von Symbiosen und positiven Beziehungen, die jeweils zwischen einer sogenannten Zentralart oder -artengruppe und anderen Arten bestehen. Diese Beziehungen werden mit Linien zwischen der Zentralart und den anderen Arten symbolisiert. Ein Plus (+) ist jeweils nahe bei jener Art eingezeichnet, die gefördert wird; dies kann die Zentralart oder eine «äußere» Art sein. Der Begriff Konstellation deutet an, dass die verschiedenen Arten um die Zentralart so angeordnet sind wie in der Astronomie die einzelnen Planeten um die Sonne als Zentralgestirn.

Ein Förderungsnetz ist die schematische Darstellung mehrerer Symbiosen und einseitig positiver Beziehungen in einem Ökosystem. Das Förderungsnetz entspricht darstellerisch dem Nahrungsnetz, in welchem bekanntlich die Fraßbeziehungen dargestellt werden. Selbstverständlich gibt es um alle Förderungskonstellationen und -netze herum noch zahllose weitere positive sowie gemischte und negative zwischenartliche Beziehungen. Auch die am Ende mehrerer Kapitel präsentierten Synthesezeichnungen sind in dieser Hinsicht unvollständig. Alle genannten Darstellungen sollen zum Weiterdenken anregen.

1.3 Hilfsmittel und Hinweise für das Beobachten

Hinweis zur Verwendung der Artnamen

Im vorliegenden Buch werden die Artnamen meist nur auf Deutsch angegeben, manchmal sogar nur der Name der betreffenden Gattung. Die Gründe hierfür sind, den Text leserfreundlich zu halten sowie Platzersparnis. Die deutschen Artnamen sind allerdings nicht standardisiert: So wird die Kiefer in der Schweiz als Föhre bezeichnet. Damit Klarheit über die genannten Arten herrscht, sind im Register der deutschen Namen am Ende des Buches zusätzlich die wissenschaftlichen Bezeichnungen angegeben. Außerdem gibt es natürlich ein Register der wissenschaftlichen Artnamen.

Die Pflanzennamen orientieren sich hauptsächlich nach Wikipedia, weil dort auch am einfachsten weitere Informationen zu den Arten zu finden sind. Gewisse Namen sind allerdings für Botaniker:innen aus der

Schweiz recht ungewöhnlich. Manchmal sind zusätzlich die Artnamen gemäß der «Flora indicativa» von Landolt et al. (2010) und der «Flora Helvetica» von Lauber et al. (2024) angegeben. Als Namen der Vögel werden jene von Svensson et al. (1999) verwendet. Bezeichnungen für die Artnamen weiterer Gruppen erfolgen gemäß «Schmetterlinge» von Bühler-Cortesi (2019) und «Pilzführer Schweiz» von Flück (2021). Das in etlichen Artnamen vorkommende, veraltet wirkende Adjektiv «gemein» wird durch «gewöhnlich» ersetzt. Für die Artnamen von Pflanzen wird die Schreibweise mit Bindestrich verwendet, die die Gattungszugehörigkeit verdeutlicht.

Hilfsmittel für das Beobachten

Je nach Ökosystem, Artengruppe und Jahreszeit unterscheiden sich die Hilfsmittel für das Beobachten von Symbiosen (siehe auch NABU-Naturgucker, 2022). Zu diesen Hilfsmitteln zählen:

- Lupe
- Becherlupe (Lupendose)

Eine Becherlupe ermöglicht, Insekten und Spinnentiere im Detail zu betrachten.

- Gläschen mit Ø 6 cm und Höhe 6–8 cm, samt Deckel (evtl. mit Löchern)
- Taschenmesser
- Gartenschäufelchen (Handkelle)
- helles Papier, Plastikfolie oder Stoff, mindestens im Format A0 (118,9 × 84,1 cm), evtl. auch Zeitungsdoppelseite
- Tüten oder Säcke für gesammelte Pflanzen, Früchte usw.
- Plastikhandschuhe, um zu vermeiden, mit Tierkot oder Kadavern in Kontakt zu kommen

- Pinsel und Pinzette, um Tierchen aus Spalten zu klauben oder in Gläschen zu schieben
- Fernglas (Feldstecher) oder Spektiv (Fernrohr) mit Stativ, insbesondere für die Beobachtung von Vögeln, Fröschen, Schmetterlingen, Libellen usw. Bis zu einem gewissen Grad kann man ein Fernglas auch als Lupe verwenden, wenn man umgekehrt hineinschaut.
- Regenschirm (am besten hell) für die Klopfschirm-Methode (siehe S. 19)
- Insektennetz (Schmetterlingsnetz), Kescher oder großes Küchensieb
- An See und Teich ist ein kleiner durchsichtiger Eimer nützlich, um die gefangenen Kleintiere hineinzugeben und dann zu beobachten. Im Wasser verwendete Gegenstände sind nach Gebrauch mit sauberem Wasser zu reinigen, damit vermieden wird, beim nächsten Einsatz irgendwelche Krankheitskeime in einem anderen Gewässer freizusetzen.

Ein Smartphone mit entsprechenden Apps erlaubt das Bestimmen und Finden von Informationen zu Arten, Ökosystemen usw. Hier sei auch auf die automatische Bilderkennung von Pflanzen und anderen Organismengruppen hingewiesen (Zusammenstellung im Literaturverzeichnis). Wenn Vogelstimmen abgespielt werden, sollte dies ganz leise erfolgen, damit die Vögel nicht gestört werden.

Ein Tablet ist praktischer als ein Smartphone, denn es ist oft bequemer zu bedienen und die Darstellungsfläche ist größer. Bei entsprechend dimensioniertem Speicher bietet es auch mehr Platz für – bereits früher oder auch ad hoc aufgenommene – Bilder, Vogelstimmen und Übersichtsdarstellungen, die den Teilnehmenden unterwegs präsentiert werden können.

Bestimmte Tiere können mit Vogellockpfeifen, Gelbfallen, Bodenfallen (Barberfallen), Fallen mit Lockstoffen, Nachtfang mit Licht usw. angelockt bzw. gefangen werden. Hierauf wird aber in diesem Feldführer nicht eingegangen, da dies besondere Hilfsmittel, Vorbereitungen und meist ein spezielles Know-how erfordert und weil das Fangen z. T. verboten ist (siehe unten).

Hinweise und Methoden für das Beobachten

- Naturschutzregeln beachten (siehe S. 21).
- Sich unbedingt vor Zecken schützen (Einzelheiten hierzu siehe Internet).
- Pflanzen, Tiere und Pilze nicht beeinträchtigen.
- Möglichst keine Tiere anfassen, insbesondere keine Jungtiere.
- Tierkot und Kadaver nie berühren, allenfalls mit Handschuhen.
- Möglichst nur vom Straßen- oder Wegrand aus Wiesen, Weiden und Moore untersuchen.
- Sich langsam bewegen; so werden Tiere weniger leicht verscheucht.

- Sich an einem sonnigen Tag z. B. neben blühende Pflanzen setzen und einfach beobachten, was alles anfliegt, herumklettert, sich versteckt oder frisst …
- Es ist reizvoll, an Blüten zu riechen: So erlebt man teilweise, was Bestäuber (und Fressfeinde sowie Parasiten) anlockt. Manchmal werden diese wohl auch vom Duft der ganzen Pflanze angezogen; also auch an dieser oder an einem zerriebenen Blatt riechen.
- Möglichst keine Pflanzen, Tiere und Pilze sammeln, allenfalls nur sehr häufige und nicht unter Naturschutz stehende. Gesammelte Pflanzen nicht einfach wegwerfen, sondern als Blumenstrauß nach Hause mitnehmen. Gegebenenfalls ausgegrabene Pflanzen wieder einpflanzen und angießen. Tiere wieder freilassen.
- Früh am Morgen bzw. bei kaltem Wetter lassen sich Insekten, z. B. Schmetterlinge, relativ leicht beobachten, denn sie sind wechselwarm und deswegen bei kühler Witterung wenig aktiv.
- Schattenwurf auf die zu betrachtenden Insekten und andere Tiere vermeiden, um sie nicht zu verscheuchen.
- Wegen Überhitzungsgefahr die gefangenen Tiere im Schatten betrachten und möglichst bald wieder am Fangort freilassen (spätestens nach 10–15 Minuten).
- Holzabbauende Kleintiere sind leicht unter der Rinde toter Bäume und Sträucher zu finden; am Schluss alles wieder so platzieren wie vorgefunden.
- Ein über die Hand gestülpter Plastiksack erlaubt, Käfer, Heuschrecken, Amphibien und andere kleine Tiere festzuhalten; anschließend stülpt man mit der anderen Hand den Sack über das Tierchen, verschließt ihn und kann dann beobachten.
- Mit einer Becherlupe (Lupendose) bzw. durch eine Lupe in einem Gläschen (samt Deckel, evtl. mit Löchern) lassen sich kleine Tiere genau beobachten. Wurde ein Gliederfüßer mithilfe einer Becherlupe bzw. einem Gläschen auf dem Boden oder an einer Wand gefangen, kann man das Tierchen mit einem unter das Gefäß geschobenen Papier (besser Karton) im Gläschen einsperren. Dann kann der Deckel platziert werden. Krabbeln die Tierchen unruhig umher, kann man sie beruhigen, indem man ein dunkles Tuch über das Gläschen legt. Sollen Tierchen länger als 3–5 Minuten beobachtet werden, muss das Gefäß Löcher für die Luftzufuhr haben. Um Austrocknen zu vermeiden, ist ein befeuchtetes Papiertaschentuch oder Pflanzenblatt im Gläschen zu platzieren.
- Klopfschirm-Methode: Zunächst platziert man unter Sträuchern, hohen Kräutern oder unter morschem Holz einen aufgespannten, hellen, umgekehrten Regenschirm oder ein großes, helles Tuch oder Papier oder ein aufgespanntes Insektennetz. Dann schüttelt man die darüber befindlichen Pflanzenteile mit einem Stab oder von Hand, worauf zahl-

reiche Insekten und Spinnentiere auf die Fangfläche fallen. Ein Antippen des Schirmes lässt die Tierchen in dessen Mitte purzeln. Mit einer Lupe können sie dann direkt oder in einer Becherlupe bzw. durch das Insektennetz beobachtet werden. Unter artenreicher Vegetation, z. B. mit Schneeball, Rosen oder Ross-Minze, ist der Fangerfolg größer als unter artenarmer.

In einen Klopfschirm, d. h. in einen umgekehrten Regenschirm, fallen beim Klopfen auf die darüberstehende Vegetation viele Insekten und Spinnentiere.

- Ein Schmetterlingsnetz oder Kescher (evtl. auch ein großes Küchensieb) ermöglicht, Insekten und Spinnen zu fangen. Man kann diese Geräte auch einfach durch Wiesen- und Waldsaumvegetation ziehen und so Insekten und Spinnen fangen. Wie ein Schmetterlingsnetz nach dem Fang durch geeignetes Schwingen geschlossen wird, muss man selbst ausprobieren.
- Die Tierchen kann man direkt durch das Netz betrachten oder nachdem sie vorsichtig in ein Gläschen befördert worden sind.
- Die Wurzelknöllchen von Schmetterlingsblütlern (Klee und Verwandte, siehe Foto in Kap. 2.4) sind meist etwa 1–2 mm groß und weißlich. Man kann sie finden, indem man den Boden entlang der Wurzeln eines Schmetterlingsblütlers vorsichtig aushebt. Dabei ist es nützlich, den Aushub auf einem großen Blatt Papier oder einer Plastikfolie zu deponieren. So kann die Erde leicht und in der gleichen Reihenfolge wie entnommen wieder in das Loch zurückgeschüttet und dann festgetreten werden.
- Pilzfäden von Mykorrhizen und anderen Pilzen sind mikroskopisch dünn, also nur sichtbar, wenn unzählige von ihnen zu meist weißen oder gelblichen Strängen oder Schichten zusammentreten (siehe Kap. 2.3). Man findet sie unter sich zersetzendem Laub auf dem Boden, an Feinwurzeln in den obersten 5–15 cm des Bodens, auf

der Unterseite von auf dem Boden vermodernden Ästen und Stämmen oder direkt unter dem Stiel von Pilzen. Verholzte Pflanzen bilden bei Mykorrhiza-Infektion statt Wurzelhaaren 1–5 mm große Verdickungen aus. Am Schluss der Untersuchung alles wieder wie vorgefunden zurücklegen.

- Wassertierchen kann man mit einem Netz oder einem Küchensieb fangen und dann direkt beobachten. Man kann die Tierchen auch in ein Gefäß mit Wasser befördern und sie anschließend mit der Becherlupe oder einem Gläschen herausfischen und näher betrachten. Nach dem Gebrauch soll das Netz bzw. Küchensieb gründlich gewaschen werden, damit nicht Krankheitskeime von einem Gewässer in ein anderes übertragen werden (Beispiel: Pilzkrankheit bei Amphibien).

Zusätzliche Hinweise für Exkursionen mit Gruppen

Hier geht es nicht um die eigentliche Leitung von Exkursionen, sondern nur um einige einfache Hinweise.

- In der Einladung zu einer Exkursion evtl. mitteilen, welche Hilfsmittel für die Mitnahme empfohlen werden.
- Eine Vorexkursion durch die Exkursionsleitung ist praktisch immer unerlässlich.
- Nur in Einerkolonne Wiesen oder Weiden durchqueren, falls es keinen Weg gibt.
- Sich möglichst im Kreis um die zu betrachtende Fläche aufstellen.
- Bei Erklärungen sollen weder die Exkursionsleitung noch die Teilnehmenden von der Sonne geblendet werden.
- Gepflückte Pflanzen für die Besprechung auf ein großes Papier oder eine große Plastikfolie legen, sodass alle Gruppenmitglieder das Gesammelte anschauen können. (Dann als Blumenstrauß mit nach Hause nehmen.)
- Um Vogelstimmen zu hören, muss man bekanntlich still sein und sich nicht bewegen. Falls jemand die Rufe oder Gesänge der Vögel kennt, soll er oder sie den Namen der Art nennen. Wenn der betreffende Gesang oder Ruf ertönt, soll die Fachperson als Hinweis auf die genannte Art einen Arm hochheben (oder ein anderes Zeichen geben). Gesänge und Rufe von Vögeln sollen, wenn überhaupt, nur sehr leise abgespielt werden.
- Auch bei Rufen von Fröschen, Kröten und anderen Tieren ist das Know-how von Fachpersonen nützlich.

- Vergrößerungen der Fotos einzelner Arten und Symbiosen auf A4 oder A3, laminiert oder in Plastikhülle, ermöglichen vertieftere Einblicke in die präsentierten Themen. Eine Übersicht über verschiedene Symbiosen in einem Ökosystem können A3-Vergrößerungen der Förderungskonstellationen und Übersichtsdarstellungen dieses Buches geben.

Hinweise zum Naturschutz

In Deutschland ist es gesetzlich verboten, Tiere zu fangen (BNatSchG § 37), es sei denn, es liegt ein «vernünftiger Grund» vor. In der Schweiz und in Österreich gelten ähnliche Gesetze. So ist z. B. das Fangen von Amphibien, Reptilien und Vertretern weiterer Tiergruppen verboten.

Alle Orchideen sind in Deutschland, Österreich und in der Schweiz geschützt. Dasselbe gilt in diesen Ländern für viele weitere Pflanzen- und auch einige Pilzarten. In der Schweiz sind beispielsweise alle (meist alpinen) Polsterpflanzen gesetzlich geschützt. Weitere Einzelheiten sind den entsprechenden Gesetzen und Verordnungen zu entnehmen. Hinweise zu jenen Deutschlands sind im «Praxisbuch Naturgucken» (2022) zusammengestellt.

Trotz der erwähnten gesetzlichen Vorgaben wird im Folgenden das Fangen und Beobachten häufiger Arten beschrieben, gemäß dem Leitsatz: «Nur was man kennt, schützt man auch!»

Außerdem ist zu bedenken, dass beim Beobachten und allfälligem vorsichtigen Fangen und Wiederfreilassen von Tieren wohl viel weniger Arten beeinträchtigt oder gar lokal ausgerottet werden als durch die Überbauung und Zerschneidung der Landschaft durch Siedlungen und Verkehrswege sowie durch intensive Landwirtschaft.

2 Sechs häufige Symbiosen und ihre ökologische Bedeutung

Im Folgenden werden sechs wichtige und häufige Symbiosen, die in praktisch allen mitteleuropäischen Ökosystemen vorkommen, ausführlich beschrieben. Damit muss in den Beschreibungen der einzelnen Ökosysteme (Kap. 3–11) nicht immer wieder detailliert auf diese Symbiosen eingegangen werden. So kann z. B. für die Darstellung der Blütenbestäubung in den Ökosystem-Kapiteln jeweils auf die Beschreibung in Kap. 2.1 zurückgegriffen werden; trotzdem lassen sich einige Wiederholungen nicht vermeiden. Die beschriebenen Symbiosen und positiven Beziehungen sind natürlich nicht in allen Ökosystemen gleich stark ausgeprägt, können oft nur in bestimmten Jahreszeiten beobachtet werden und die beteiligten Arten sind meist unterschiedlich.

2.1 Blütenbestäubung durch Insekten und geschlechtliche Fortpflanzung

Bestäubung durch Insekten

Die nebenstehende Abbildung zeigt, wie die verschiedenen Blütentypen durch Insekten aus ganz verschiedenen systematischen Gruppen bestäubt werden.

Bekanntlich locken die Blüten mit Farben, Formen, Düften und anderen Merkmalen die Bestäuber an. Es ist reizvoll zu prüfen, welche Blüten duften oder aus menschlicher Sicht gar stinken. Dabei kann bei bestimmten Blüten auch der süße, tief in der Blüte verborgene Nektar gekostet werden. Tipps hierzu werden in mehreren Kapiteln gegeben. Der Nektar dient den meisten Insekten direkt als Nahrung, insbesondere als «Kraftstoff» für das Fliegen. Manchmal wird er aber auch am oder im Körper des Insekts zwischengelagert und dient dann als Nahrung für die Nachkommen.

Auch der Pollen, der bekanntlich bei der Bestäubung entscheidend ist, kann leicht beobachtet werden, z. B. an den bekannten Höschen der Honigbiene. Je nach Insektentyp können Pollenkörner mit einer (Becher-)Lupe auch an Kopf, Rüssel, Rücken, Beinen, Bauch oder anderen Körperstellen festgestellt werden. Bei manchen Blüten lässt sich der Pollen mit einem Finger aus der Blüte abstreifen. Von manchen Insekten wird Pollen auch gefressen oder dient evtl. mit Nektar vermischt als Nahrung für die Nachkommen.

Bestäubung verschiedener Blütentypen durch Vertreter verschiedener Insektengruppen

Bienenblumen

Honigbiene auf Blüte der Trauben-Kirsche

- Mäßig lange Blütenröhre
- Rüssellänge meist 2–10 mm

Hummelblumen

Garten-Hummel auf Gewöhnlichem Leinkraut

- Mäßig lange Blütenröhre, oft mit Landeplatz, z. B. Unterlippe
- Rüssellänge 10–20 mm

Falterblumen

Apollofalter auf Distel

Taubenschwänzchen an Nelke

- Lange, enge Blütenröhren. Bestäubung durch Tagfalter, Schwärmer und andere Nachtfalter
- Rüssellänge bis 30 mm bzw. bis 90 mm

Käfer- und Fliegenblumen

Weichkäfer mit Pollen auf Schafgarbe

Oft recht stabile «Blütenschirme» aus kleinen Einzelblüten mit frei zugänglichem Nektar. Bestäubung durch Pollen fressende Käfer mit beißend-kauenden Mundwerkzeugen bzw. durch Nektar aufleckende Schwebfliegen.

Beim Blütenbesuch bleibt meist Pollen (Blütenstaub, der die männlichen Geschlechtszellen enthält) am Insekt haften. Fliegt das Insekt zu einer weiteren Blüte, so werden auf dieser meist einige Pollenkörner abgestreift. Sofern die als Nächstes besuchte Blüte von der gleichen Art ist wie die erstbesuchte und sofern die Pollenkörner direkt auf die Narbe (Teil der weiblichen Geschlechtsorgane) gelangen, liegt eine Bestäubung vor. Aus jedem Pollenkorn wächst dann ein sogenannter Pollenschlauch mit der männlichen Geschlechtszelle von der Narbe bis zum Fruchtknoten im Zentrum der Blüte. Dort erfolgt die Befruchtung einer der Eizellen in den Samenlagen. Aus den befruchteten Eizellen entwickeln sich dann die Samen.

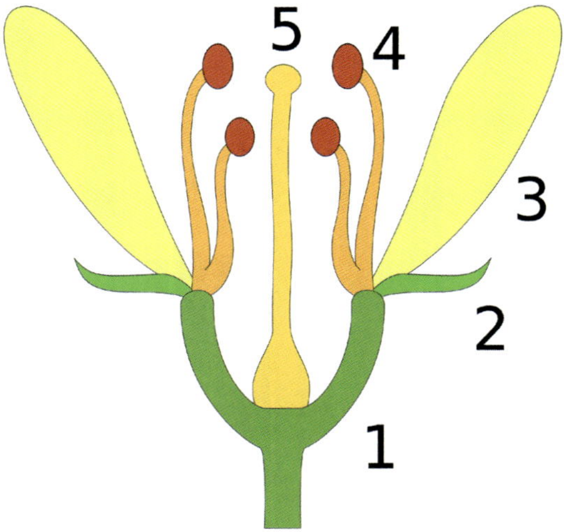

Schema einer Blüte

1. Blütenboden
2. Kelchblätter
3. Kronblätter
4. Staubblätter mit Pollensäcken (rot)
5. Stempel mit:
   Narbe (oberster rundlicher Teil)
   Griffel (langes Verbindungsstück)
   Fruchtknoten (unterster Teil mit den Samenanlagen, welche die Eizellen enthalten)

Bei der Bestäubung liegt je nachdem eine einseitig positive Beziehung oder, wenn den Bestäubern der Nektar und teilweise auch der Pollen als Nahrung dient, eine Symbiose vor. Bemerkenswert ist, dass bestimmte Insekten auf die Bestäubung von Arten aus nur einer Pflanzenfamilie oder sogar nur einer einzigen Art spezialisiert sind. Dies ist bei bestimmten Scherenbienen und Glockenblumen- oder Hahnenfuß-Arten der Fall.

Die Bestäuber- bzw. Blütenkonstanz ist das leicht beobachtbare Phänomen, dass Bestäuber eine Zeit lang immer nur Blüten derselben Art besuchen und bestäuben, was für die betreffende Art natürlich positiv ist.

Die Bestäubung hängt auch mit den Rendezvous- und den Schlafstätten-Beziehungen zusammen. Hierauf wird in mehreren Kapiteln genauer eingegangen.

Schließlich sei erwähnt, dass viele Menschen das Vorhandensein von Pollen in der Luft als unangenehm bis krankmachend erleben, und zwar als Heuschnupfen.

Ökologische Bedeutung der geschlechtlichen Fortpflanzung

Bei der Bildung der Geschlechtszellen entsteht eine riesige Vielfalt von genetisch verschiedenen Eizellen in den Fruchtknoten bzw. von männlichen Geschlechtszellen in den Pollenkörnern. Außerdem kann es im Erbgut spontan oder infolge äußerer Faktoren (Gifte, Radioaktivität usw.) zu Veränderungen kommen, zu sogenannten Mutationen. Daher führt jede Befruchtung (Verschmelzung einer männlichen mit einer weiblichen Geschlechtszelle) zur Entstehung eines genetisch einzigartigen Individuums. Die sexuelle Fortpflanzung garantiert so gesamthaft eine enorme Vielfalt von Individuen mit verschiedenen, genetisch bestimmten Eigenschaften.

Was ist der «Sinn» dieser Vielfalt? Bei den Pflanzen kann diese Verschiedenheit ermöglichen, dass einige Individuen einer Art z. B. auf schwermetallreichem Boden oder unter wärmeren Klimabedingungen gedeihen können, während andere Individuen mit denselben Eltern dort hingegen nicht überleben. Die entscheidende ökologische Bedeutung der geschlechtlichen Fortpflanzung besteht somit darin, dass immer wieder Pflanzenindividuen entstehen, die auch unter veränderten Umweltbedingungen leben können und sich schließlich auch fortpflanzen. Der langfristige Fortbestand der betreffenden Art ist also dank der geschlechtlichen Fortpflanzung und der daraus folgenden genetischen Vielfalt gesichert.

Was soeben dargelegt wurde, gilt ähnlich auch für die geschlechtliche Fortpflanzung bei den Pilzen und bei den Tieren. Auch beim Menschen unterscheiden sich die Nachkommen derselben Eltern bekanntlich von diesen und voneinander (Letzteres jedoch nicht bei eineiigen Zwillingen).

Bei der ungeschlechtlichen Fortpflanzung haben alle Nachkommen hingegen das gleiche Erbgut wie das Mutterindividuum (außer wenn Mutationen auftreten). Die entstandenen Nachkommen haben deshalb alle dieselben «Ansprüche» an die Umweltbedingungen. Sie würden somit z. B. von einer schädlichen Umweltveränderung alle gleichermaßen beeinträchtigt oder evtl. sogar vernichtet. Ein Beispiel für ungeschlechtliche Fortpflanzung liegt bei den Jungpflanzen an den Ausläufern der Walderdbeer-Pflanzen vor. Auch Blattläuse pflanzen sich zeitweise ungeschlechtlich fort.

2.2 Ausbreitung von Samen, Sporen und Kleintieren durch Tiere

Ausbreitung von Samen bzw. Früchten

Die Angaben zu den verschiedenen Ausbreitungstypen stammen großenteils aus Landolt et al. (2010). Bei vielen Pflanzenarten kommen mehrere Ausbreitungstypen vor, von denen hier jedoch nur jene beschrieben werden, an denen Tiere und nicht nur der Wind oder das Wasser beteiligt sind. Je nachdem, ob nur die Pflanze oder auch das Tier vom Ausbreitungsprozess profitiert, liegt eine einseitig positive Beziehung oder eine Symbiose vor. Die Ausbreiter werden durch bestimmte Farben, Düfte und Formen der Früchte bzw. Samen angelockt. Bei den Pflanzen können u. a. die folgenden Ausbreitungstypen unterschieden werden; zu den meisten werden Beispiele in mehreren Kapiteln präsentiert.

Haft- bzw. Klebausbreitung: Früchte oder Samen haften an Tieren und fallen entfernt von der Mutterpflanze mit der Zeit ab. Beispiele: Samenstände der Klettenpflanze, Waldmeisterfrüchte. Besonders für Kinder ist es amüsant, die Klettwirkung auszuprobieren. Klebausbreitung kommt z. B. bei den Samen des Breit-Wegerichs vor.

Tierstreuer-Ausbreitung: Vorbeistreichende Tiere schütteln die Pflanze oder Teile von ihr, wodurch Samen weggeschleudert werden. Manche Pflanzen haben spezielle Schleudermechanismen, die bei der Berührung durch Tiere ausgelöst werden. Beispiel: die Springkräuter.

Verdauungsausbreitung: Bei dieser werden die Früchte bzw. Samen gefressen und Letztere unverdaut mit dem Kot ausgeschieden, meist entfernt von der Mutterpflanze. Der Kot dient dann als Startdünger für die aufkommende junge Pflanze. Beispiele: Samen von Himbeere und Holunder.

Die Ausbreitung durch Ameisen: Diese wird manchmal auch als Mundwanderer-Ausbreitung bezeichnet. Die Samen bestimmter Pflanzenarten, z. B. des Schneeglöckchens oder von Veilchen-Arten, haben ein winziges nahrhaftes Anhängsel, ein Ölkörperchen (Elaiosom). Wegen dessen Duft oder Form werden solche Samen ins Ameisennest transportiert, wo das Ölkörperchen abgefressen wird. Anschließend wird der Same aus dem Nest befördert. Manchmal wird das Ölkörperchen auch auf dem Weg zum Nest verzehrt und der Same liegengelassen, also auf diese Weise ausgebreitet.

Die von Ameisen ausgebreiteten Samen (mit hellem Ölkörperchen) von Borretsch, Schöllkraut und Hohlknolligem Lerchensporn

Versteckausbreitung: Diese ist v. a. bei Samen wichtig, die so schwer sind, dass sie nur direkt unter der Mutterpflanze zu liegen kommen. Beispiele: Nüsse, Bucheckern und Kastanien. Bestimmte Vögel und Kleinsäuger verstecken solche Früchte oder Samen als Nahrungsreserve meist in einiger Entfernung von der Mutterpflanze. Finden Tiere die Samen nicht mehr oder sie vergessen sie, spricht man von Versteckausbreitung. Sie ist manchmal daran zu erkennen, dass mehrere Jungpflanzen eng nebeneinander aus dem vergessenen Versteck aufwachsen.

Ökologische Bedeutung der Ausbreitung von Samen bzw. Früchten

Die primäre Bedeutung ist die Erhaltung der betreffenden Art (besser: Population). Da immer ein Risiko besteht, dass an einem Ort eine Pflanze beeinträchtigt oder zerstört wird, macht es Sinn, dass ihre Samen auch an neue Orte gelangen und sich dort Nachkommen entwickeln können.

Die Ausbreitung von Samen an neue Orte in einiger Entfernung von der Mutterpflanze ist auch aus anderen Gründen sinnvoll. Denn oft konkurrenziert die Mutterpflanze die direkt neben ihr aufwachsenden eigenen Nachkommen durch Beschattung und durch Wurzelkonkurrenz um Wasser und Nährstoffe. Zudem können Parasiten oder Krankheiten, die die Mutterpflanze kaum beeinträchtigen, die in ihrer Nähe aufwachsenden eigenen Keimlinge und Jungpflanzen schädigen oder gar töten.

Andererseits zeigen neuere Untersuchungen, dass über das Netz der Wurzelpilze Nährstoffe von Mutterpflanzen zu ihren Jungpflanzen gelangen können (siehe Mykorrhiza, Kap. 2.3). Insgesamt zeigt sich, dass die Ausbreitung an entfernte Orte für die betreffende Art oft überlebenswichtig ist. Auch für die Tiere ist es natürlich von Vorteil, wenn ihre Nahrungspflanzen infolge der Ausbreitung der Samen auch an neuen Standorten gedeihen.

Tiere breiten auch Sporen, Kleintiere und Bakterien aus

Was für die Samenpflanzen dargelegt wurde, gilt ähnlich auch für die Ausbreitung von Sporen von Farnpflanzen und von Pilzen sowie von Kleintieren durch größere Tiere. Letztere werden manchmal als Tiertaxi bezeichnet. Beispiele hierfür sind Schnecken oder Regenwürmer, die mit ihren Ausscheidungen die gefressenen Fadenwürmer und zahlreiche mit bloßem Auge kaum oder nicht sichtbare Pilz- und andere Sporen sowie Bakterien ausbreiten. Tiere verfrachten auch Läuse, Flöhe und Milben (Zecken) und andere Insekten bzw. Spinnentiere. Meist handelt es sich dabei allerdings um eine gemischte Beziehung, die also positiv für den Parasiten und negativ für den Wirt ist.

2.3 Symbiosen zwischen Pflanzen und Wurzelpilzen (Mykorrhizen)

Mit bloßem Auge sichtbare Stränge oder Schichten von Pilzfäden im Boden

Solche 1–2 mm dicken Stränge oder Schichten kann man in den obersten 5–10 cm des Waldbodens leicht finden, wenn man mit einem Schäufelchen, Taschenmesser oder Ast die vermodernden Blätter und Ästchen zur Seite schiebt. Weißliche Stränge kommen auch auf der Unterseite von auf dem Boden liegenden vermodernden Ästen oder Stämmen oder im Boden in der Nähe des Stiels von oberirdischen Pilzkörpern vor. Diese Stränge und Schichten bestehen aus Hunderten von mikroskopischen Fäden (Hyphen) von Pilzen, die ganz verschiedene Lebensweisen haben können, nämlich: (a) Pilze, die in Symbiose mit Pflanzenwurzeln leben (Mykorrhiza), (b) saprobiontische Pilze, also solche, die sich von totem pflanzlichem oder tierischem Material ernähren, (c) parasitische Pilze auf lebenden Pflanzen.

Die Wurzelpilz-Pflanze-Symbiose: Mykorrhiza

Etwa 90% aller Blüten- und Farnpflanzen haben um ihre Wurzeln ein Geflecht von mikroskopischen Pilzfäden, die mehr oder weniger tief in die Feinwurzeln eindringen: die Mykorrhiza (altgriechisch *mykes* = Pilz, *rhiza* = Wurzel). Auf diese wichtige und interessante Symbiose kann aus Platzgründen leider nur kurz eingegangen werden.

Bei verholzenden mitteleuropäischen Pflanzen bilden die Pilzfäden einen Mantel um die Feinwurzeln, die dann keulenartig anschwellen. Zum Teil dringen sie auch in die Wurzelrinde, aber nicht in die Wurzelzellen ein, weswegen dieser Typ auch als Ektomykorrhiza bezeichnet wird (*ekto* = außen). Diese Mykorrhiza bildet oberirdische Fruchtkörper, also «richtige» Pilze aus, wie den Steinpilz oder den Eierschwamm (Pfifferling). Die Fruchtkörper machen nur etwa 5% der Masse des Pilzorganismus aus.

Bei den krautigen Pflanzen dringen die Pilzfäden in die Wurzelzellen ein, was zur Bezeichnung Endomykorrhiza führt (*endo* = innen). Meist bilden die Pilzfäden in den Zellen winzige bäumchenförmige Gebilde, weswegen sie als arbuskuläre Mykorrhiza bezeichnet werden (*arbor* = Baum). Dieser Mykorrhizatyp bildet keine oberirdischen Fruchtkörper.

Pilz auf Waldboden, in dem neben Wurzeln und Humus auch die weißlichen Stränge aus sehr zahlreichen Pilzfäden, wohl Mykorrhiza, zu sehen sind.

Ökologische Bedeutung der Mykorrhizen

Die Mykorrhizen bilden bis Hunderte km mikroskopische Fäden pro m^2 Oberboden aus (!). Mit diesen leiten sie Wasser sowie u. a. Stickstoff- und Phosphorverbindungen zu den Wurzeln, und zwar aus einem Bodenvolumen, das 10- bis 100-mal größer ist als das, was die Wurzeln selbst erreichen können. Darüber hinaus schützt die Mykorrhiza die Pflanzen vor Giftstoffen und bestimmten Krankheitserregern. Als «Gegenleistung» versorgt die Pflanze die Pilzfäden mit Kohlenhydraten, die aus der Fotosynthese in den Blättern stammen. Die Pflanze-Wurzelpilz-Beziehung ist also für beide Partner von ausschlaggebender positiver Bedeutung und somit eine Symbiose.

Eine Pflanzenart kann Beziehungen mit mehreren Pilzarten haben. Analoges gilt für die Pilzarten. Untersuchungen zeigen, dass über die Mykorrhiza Nährstoffe von einer Pflanze auch zu Nachbarpflanzen gelangen können, sogar wenn diese zu einer anderen Art gehören. Man muss sich somit vorstellen, dass praktisch alle von Pflanzen bewachsenen Böden von einem Netz aus Mykorrhizafäden durchzogen sind, welche Nähr- und andere Stoffe sowie Informationen hin- und herleiten; zutreffend hierfür ist die Bezeichnung Grünes Internet. In Wäldern wird dieses auch als Wood Wide Web bezeichnet (Waldweites Netz).

Keine Mykorrhizen haben in der mitteleuropäischen Flora die Kreuzblütler (Familie Brassicaceae), einige Seggen (Gattung *Carex*) und wenige weitere Artengruppen.

Viele Pilze ernähren sich von totem Material oder parasitisch

Zahlreiche Pilze gehören zu den Saprobionten (früher als Saprophyten bezeichnet), d. h., sie ernähren sich von totem pflanzlichem, tierischem oder sogar pilzlichem Material: Dabei liegt eine für die Pilze einseitig positive Beziehung vor. Beispiele: Feld-Champignon, Parasol und Morchel-Arten (Abb. in Kap. 4.3).

Andere z. T. mikroskopische Pilze leben parasitisch auf oder in lebenden Organismen. Daneben gibt es auch fleischfressende Pilze; beide Typen sind jedoch nicht Thema dieses Feldführers.

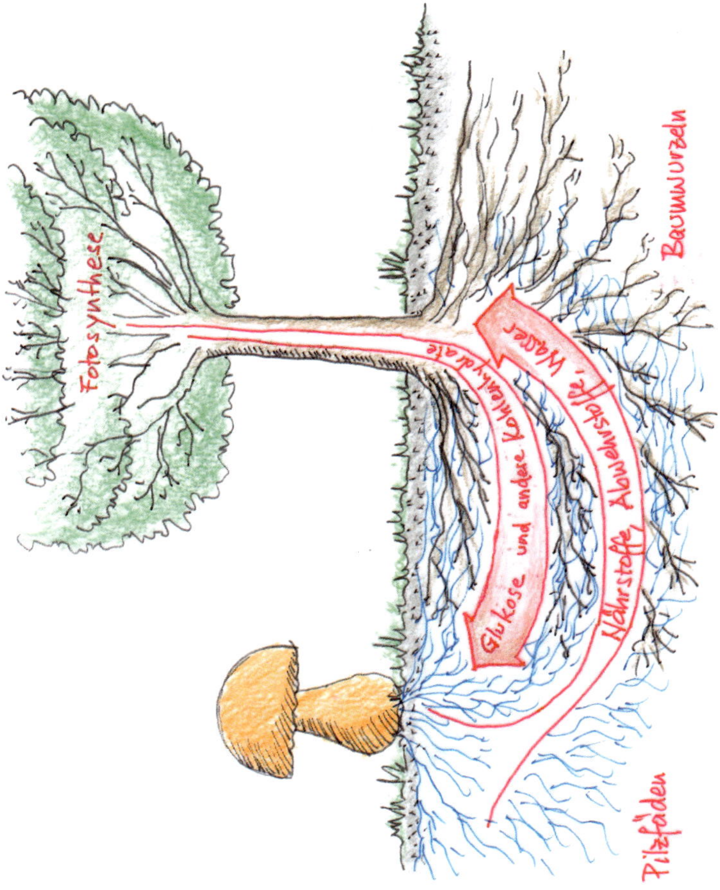

Die gegenseitige Nährstoffversorgung von Pflanze und Pilz, eine typische Symbiose

2.4 Symbiose zwischen Pflanzen und stickstofffixierenden Bodenbakterien

Gräbt man mit einem Schäufelchen oder Taschenmesser eine Kleepflanze, Luzerne, Wicke, Ginster oder einen anderen Schmetterlingsblütler (Familie Fabaceae = Hülsenfrüchtler, Leguminosen) vorsichtig aus, so kann man in den meisten Fällen an den obersten Wurzeln 1–3 mm große runde oder längliche, meist helle Knöllchen oder Gruppen von Knöllchen feststellen. Sie werden aufgrund des Einflusses bestimmter Bakterien von den Wurzeln gebildet.

Ökologische Bedeutung der biologischen Stickstofffixierung

In den erwähnten Verdickungen leben sogenannte Knöllchenbakterien (Rhizobien), welche gasförmigen Stickstoff aus der Bodenluft aufnehmen und in stickstoffhaltige Nährstoffe umwandeln. Diese gelangen dann über die Wurzeln in die ganze Pflanze. Die Energie für diese biologische Stickstofffixierung liefern die Pflanzen den Bakterien in Form von Kohlenhydraten aus der Fotosynthese. Stickstofffixierende Knöllchenbakterien haben neben den oben erwähnten Arten auch die verschiedenen Bohnen- und Erbsenarten; diese werden daher gerne im Gemüsebau eingesetzt, um den Boden mit dem Mangelnährstoff Stickstoff anzureichern. Eine ähnliche Stickstofffixierung findet sich in der mitteleuropäischen Flora auch beim Sanddorn und den Erlen. In allen erwähnten Fällen profitieren sowohl die Pflanze als auch die Bakterien: Es liegt also eine Symbiose vor. Die Nachbarpflanzen der stickstofffixierenden Arten können ebenfalls vom Stickstoff profitieren, und zwar, wenn die Knöllchen bzw. die betreffenden Pflanzen absterben. Dann werden die fixierten Stickstoffverbindungen freigesetzt und können von Nachbarpflanzen aufgenommen werden, eine für diese einseitig positive Beziehung.

Stickstofffixierende Wurzelknöllchen der Zaun-Wicke

Die symbiotische Stickstofffixierung ermöglicht den betreffenden Pflanzen, auch an stickstoffarmen Standorten zu gedeihen und sich fortzupflanzen, also konkurrenzstark zu sein, z. B. auf Rohböden, auf Magerwiesen und in alpinen Rasen (siehe Kap. 7 und 9).

2.5 Flechten: Dauersymbiose zwischen Pilz und Grünalgen

In dieser Symbiose sind eine oder mehrere Pilzarten mit zahlreichen mikroskopischen Grünalgen bzw. Cyanobakterien (Blau«algen») so eng zu einem Organismus verschmolzen, dass man die Partner mit bloßem Auge nicht einzeln sehen kann. Der Pilz bildet der Flechte das Gerüst, schützt sie vor Austrocknung und UV-Strahlung und verankert sie im Substrat, also auf Pflanzen, Böden oder nacktem Gestein. Aus all diesen Substraten löst der Pilz mithilfe von sogenannten Flechtensäuren Nährstoffe wie Calcium, Magnesium, Kalium, Natrium u. a. m. und gibt sie an die Grünalgen bzw. Cyanobakterien weiter. Diese Partnerarten liefern dem Pilz Kohlenhydrate aus der Fotosynthese, also energiereiche Verbindungen, die für seine Lebensvorgänge unerlässlich sind.

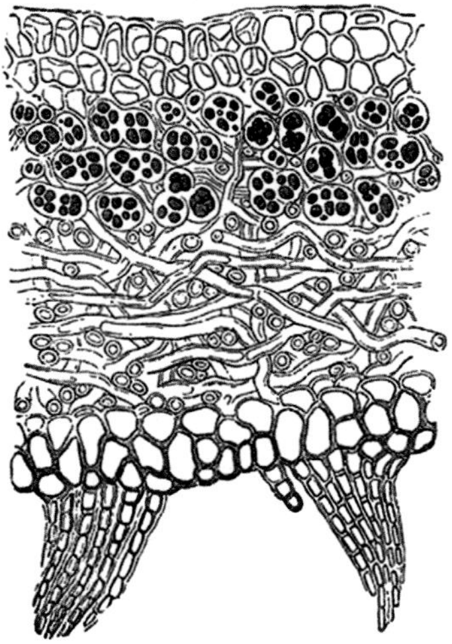

Schema des Querschnitts durch eine Blattflechte

Gelbflechte und andere Flechten auf einem Baumstamm

Ökologische Bedeutung der Flechten

Die ökologische Bedeutung der beiden Symbiosepartner füreinander wurde bereits kurz beschrieben. Flechten bedecken 6–8 % der Landoberfläche der Erde, v. a. in subpolaren Gebieten. Insbesondere dort sind sie von Bedeutung für die Bodenbildung, das «Einfangen» von Tau, Staub, Samen und Sporen, als Refugien für Kleintiere sowie als Nahrung für Rentiere, Lemminge und andere Tiere. Auf der Erde kommen etwa 25 000 Flechtenarten vor, in Mitteleuropa ca. 2000.

2.6 Abbau von totem organischem Material: Nährstoffkreisläufe

Werden tierische Exkremente, Kadaver oder anderes abgestorbenes tierisches und pflanzliches Material durch Kleintiere, Pilze und Bakterien abgebaut, so ist dies gemäß der Definition in Kap. 1.2 eine für die Abbauorganismen einseitig positive Beziehung: Denn für die meisten dieser Organismen ist das tote Material Nahrung, also förderlich, wogegen es für die Lebewesen, von denen das Material stammt, bedeutungslos ist. Dies gilt insbesondere auch für das Falllaub, tote Äste und Stämme auf dem Waldboden. Hierauf wird in Kap. 4.4 näher eingegangen.
Als Beispiel für den Abbau von Exkrementen sei auf die Zusammenstellung über den Kuhfladen im Kapitel über die Düngewiese verwiesen (Kap. 6.5).

Beim Abbau der erwähnten Ausgangsprodukte werden u. a. Kohlendioxid und Wasser freigesetzt, welche in die Atmosphäre gelangen. Außerdem entstehen Stickstoff- und Phosphorverbindungen sowie weitere Nährstoffe, die letztlich von den Pflanzenwurzeln aufgenommen werden, wodurch die Nährstoffkreisläufe großenteils geschlossen werden (Recycling). Nur in sehr geringem Ausmaß entsteht beim Abbau auch Humus, also stark zersetztes organisches Material. Dieses sammelt sich im Verlauf der Jahre und Jahrtausende an und ist für das Funktionieren des Boden-Ökosystems von großer Bedeutung, worauf hier aber nicht näher eingegangen werden kann.

Ökologische Bedeutung der Nährstoffkreisläufe

Hierzu muss man sich nur kurz überlegen, was ohne die Stoffkreisläufe geschähe: An *einem* Ort würden sich Berge von totem organischem Material ansammeln, wogegen an *anderen* Orten Mangel an Nährstoffen für die Pflanzen und somit für ganze Ökosysteme herrschen würde. In einem Kreislauf hängen verschiedene Arten und Artengruppen voneinander ab, vor allem die Abbauorganismen (Destruenten) von den Fotosynthese-betreibenden Pflanzen (Produzenten) – aber auch umgekehrt. Man kann also sagen, dass diese Organismengruppen in einer Art Symbiose leben.

3 Stadtnatur

Ein vielfältiger Stadtpark mit alten Bäumen, Rasen und einem Teich mit Ufervegetation

In Mitteleuropa lebt der größte Teil der Menschen in Städten. Deshalb sollen zunächst anhand der Stadtnatur verschiedene leicht beobachtbare Symbiosen und andere positive Beziehungen vorgestellt werden. Es geht also um Parks, Sportplätze, Straßenbäume mit ihren Baumscheiben, Friedhöfe sowie weitere öffentlich zugängliche Grünflächen.

Untersuchungen zeigen, dass in Städten auf einem Quadratkilometer insgesamt oft mehr wildwachsende, also spontan vorkommende Pflanzenarten festgestellt werden als in intensiv bewirtschaftetem Umland. Ein wichtiger Grund hierfür ist die Vielfalt der erwähnten Grünflächen mit ihren ganz unterschiedlichen ökologischen Bedingungen. Auch verwildern aus städtischen Gärten und anderen Anpflanzungen zahlreiche Pflanzenarten in die Stadtnatur. Zudem ist das Stadtklima wärmer als jenes des Umlandes und ermöglicht dadurch vielen einheimischen und fremdländischen wärmeliebenden Pflanzenarten zu gedeihen. Auch finden immer mehr Wildtiere in Städten offenbar günstige Lebensbedingungen, z. B. Fuchs, Igel und bestimmte Vogelarten wie der Wanderfalke und sogar der aus den Altwelttropen stammende Halsbandsittich, eine kleine Papageienart. Eine große Artenvielfalt bedeutet im Allgemeinen auch eine große Vielfalt an Symbiosen.

An den im Folgenden beschriebenen Symbiosen bzw. positiven Beziehungen sind fast immer Pflanzen beteiligt; denn sie bilden die Struktur der Ökosysteme und liefern letztlich die Nahrung für alle anderen Glieder der Lebensgemeinschaft. Im Zentrum stehen Arten, die seit vielen Jahrzehnten typisch für die Stadtnatur sind, z. B. Linden, Eiben, Rosskastanien, Sträucher wie Spireen, Forsythien und Lorbeer-Kirsche (Kirschlorbeer) sowie Rasenpflanzen mit auffälligen Blüten. Arten, die in Beeten immer wieder angesät oder angepflanzt werden, sind nicht Thema dieses Buches. Ebenso wenig ist dies bei speziell geförderten Tierarten der Fall, wie z. B. dem Mauersegler oder dem Turm- und dem Wanderfalken. Eine Ausnahme bilden die Wildbienen, die mit Bienenhotels gefördert werden können. Diese Insekten sind für viele Pflanzen wegen der Bestäubung, einer typischen Symbiose, wichtig.

Baumscheibe mit angesäten und spontan aufgekommenen Pflanzen, an denen Bestäuber und andere Insekten beobachtet werden können.

Intensiv gepflegte Rasen sind generell artenarm, weswegen in ihnen auch nur wenige Symbiosen zu beobachten sind. Um die Artenvielfalt, also die Biodiversität, zu erhöhen, wird in letzter Zeit manchmal dazu übergegangen, städtische Rasen aufwachsen zu lassen und nur zweimal pro Jahr zu mähen, was natürlich auch arbeits- und ressourcensparend ist. Zum Teil werden gar artenreiche Rasenmischungen angesät und ebenfalls nur zweimal pro Jahr gemäht. In beiden Fällen können dann Blüten, die von Bestäubern besucht werden, beobachtet werden sowie weitere Insekten und Kleintiere. Die Biodiversität ist dann natürlich größer und ähnlich wie jene auf den Dünge- bzw. Magerwiesen (Kap. 6 und 7). Die Vielfalt an z. T. attraktiven Blüten von Margeriten, Klee- und anderen Arten im selten gemähten Stadtgrün wird von vielen Menschen als positiv beurteilt. Jedoch: Sobald die Pflanzen verblüht und die Gräser strohig geworden sind, werden die Flächen als unordentlich und ungepflegt angesehen. Dies kann dazu führen, dass Unrat in sie geworfen wird, wie Untersuchungen gezeigt haben.

Der nicht gemähte Stadtrasen im Hintergrund kommt zum Blühen und lockt Bestäuber und andere Insekten an.

3.1 Blütenbestäubung durch Insekten

Blütenbestäubung kann man während fast des ganzen Jahres z. B. am Gänseblümchen im Parkrasen beobachten, im Spätwinter auch beim Schneeglöckchen, gegen den Frühling hin dann bei vielen weiteren krautigen Arten (Details zur Bestäubung siehe Kap. 2.1).

Auch viele in der Stadt angepflanzte Bäume und Sträucher werden von Insekten bestäubt: Ahorn-Arten, Rosskastanie, Robinie (Falsche Akazie) und Linden-Arten. Der Insekten anlockende Blütenduft der beiden Letztgenannten erfüllt dabei die ganze Umgebung und oft ist das Gesumme der Insekten zu hören. Die Blüten der Robinie enthalten besonders viel Nektar; man kann sie sogar frisch essen oder, wenn getrocknet, wie bei den Linden Tee aus ihnen zubereiten. Einige Blütensträucher sind unten abgebildet.

An den Blüten vieler verschiedener Pflanzen in Parks, Gärten und auf Balkonen fällt das Taubenschwänzchen auf, weil es wie ein Kolibri in der Luft stehen kann, z. B. vor Blüten des Schmetterlingsstrauches. Jedes Jahr fliegt dieser am Tag fliegende Nachtfalter neu aus Süden ein.

Insektenbestäubte Frühblüher in der Stadt (von links nach rechts und von oben nach unten in der Reihenfolge des Aufblühens): Gänseblümchen, Stängellose Schlüsselblume (Primel), Schneeglöckchen mit Biene, Kleine Braunelle mit Hummel, Zweiblättriger Blaustern mit Biene, Krokus mit Biene sowie Faden-Ehrenpreis

Bäume und Sträucher mit Insektenbestäubung (von links nach rechts und von oben nach unten in der Reihenfolge des Aufblühens): Winter-Linde mit Erdhummel, Robinie, Lorbeer-Kirsche, Spierstrauch, Schmetterlingsflieder mit nektarsaugendem Taubenschwänzchen

Das Bestäubungssignal der Rosskastanie

In den großen weißen «Blütenkerzen» der Rosskastanie wird die Bestäubungsbereitschaft angezeigt, und zwar durch einen gelben Fleck in der Mitte der Blütenblätter; außerdem gibt es Nektar im Innern der Blüte. Nach der Bestäubung hört die Nektarproduktion auf und der gelbe Fleck «schaltet» auf Rot: Nichts mehr zu holen!

Die Flecken in den einzelnen Blüten der Rosskastanie zeigen den Bestäubern: Gelb = Nektar vorhanden, Besuch (und dabei Bestäubung) lohnt sich. Rot = Kein Nektar mehr vorhanden, da die Blüte bereits bestäubt worden ist; Besuch lohnt sich nicht mehr.

Nachtkerzen-Blüten entfalten sich so rasch, dass man es beobachten kann!
Am Abend entfalten sich die reifen Blütenknospen der Nachtkerzen (Gattung *Oenothera*) innerhalb weniger Minuten und können dann von Nachtfaltern bestäubt werden.

Die Entfaltung der Blütenblätter dieser Nachtkerze erfolgte innerhalb von 39 Sekunden; danach ist eine Bestäubung möglich.

Diese Rose ist ein Rendezvous-Platz für Männchen und Weibchen des Rosenkäfers.

Rendezvous-Plätze für Männchen und Weibchen auf Blüten und an anderen Stellen
Blüten liefern den Insekten nicht nur Nahrung, sondern sind oft auch ein Treffpunkt für Männchen und Weibchen, was zu Nachkommen führen kann. Dies kann als indirekte Förderung durch die Blüten, also als positive Beziehung aufgefasst werden. Leicht beobachtbare Rendezvous-Plätze für Insekten und andere Tiere sind u. a. auch Früchte sowie die Exkremente von Wild-, Nutz- und Haustieren.

Beobachtungen am Bienenhotel
Viele Bestäuber besuchen die Blüten oft nur kurz, sodass es schwierig ist, sie zu beobachten. Zu einem Insektenhotel kehren bestimmte Wildbienen und andere Insekten hingegen immer wieder zurück und lassen sich somit länger anschauen. Übrigens stechen Wildbienen nicht. Aber nur Bienenhotels, die bestimmte Anforderungen erfüllen, sind ein Ersatz für die in der Stadtnatur seltenen hohlen Pflanzenstängel, für morsches Holz oder für verlassene Käferfraßgänge, in welche bestimmte Wildbienen ihre Eier samt Nahrungsreserve für die Larven legen.

Bienenhotel und Gehörnte Mauerbiene mit Pollen am Bauch

3.2 Samenausbreitung durch Tiere

Verdauungsausbreitung durch Vögel und andere Tiere

Dieser in Kap. 2.2 beschriebene Ausbreitungstyp ist meist für beide Partner nützlich, also eine Symbiose. Zahlreiche Parkbäume und -sträucher haben nahrhafte Beeren oder andere Früchte, die von Vögeln, Fuchs oder anderen Tieren gefressen werden. Deren Ausscheidungen enthalten die unverdauten Samen sowie Nährstoffe für die aufwachsenden Pflänzlein. Pflanzen, die so ausgebreitet werden, sind z. B. Schneeball- und Geißblatt-Arten, Wildrosen, Vogelkirsche sowie der südosteuropäisch-vorderasiatische Kirschlorbeer (Lorbeer-Kirsche) und die Chinesische Hanfpalme (Tessiner Palme). Auch in Rasenflächen kommen einige Arten mit Verdauungsausbreitung vor.

Diese Amsel frisst die Früchte des Schwarzen Holunders und breitet mit ihrem Kot seine Samen aus.

Wie kommt die Mistelpflanze auf den Baum?

Die bis 1 m großen immergrünen Büschel der Weißbeerigen Mistel sind v. a. im Winterhalbjahr auf Zitterpappeln (Espen), anderen Pappeln, Linden, Birken, Apfelbäumen und weiteren Laubbäumen gut zu sehen. Manchmal findet man unter diesen Bäumen auch Mistelästchen mit den etwa 5 mm großen, weißen Beeren. Diese werden v. a. von der Misteldrossel und der Mönchsgrasmücke gefressen. Dabei bleiben Reste der sehr klebrigen Beeren samt Samen am Schnabel haften. Die Vögel versuchen dann, diese Reste an Ästen abzustreifen, wobei die Samen dort kleben bleiben. Wenn die Baumart geeignet ist, wächst die Mistel dann wurzelartig bis ins Holz hinein. Aus diesem saugt sie dann Nährstoffe auf. Die Mistel ist aber nur ein Halbparasit, denn sie betreibt selbst auch Fotosynthese, um die lebensnotwendigen Kohlenstoffverbindungen zu erhalten. Natürlich werden mitunter auch Mistelbeeren verschluckt und die Vögel scheiden deren immer noch klebrigen Samen aus. An günstigen Stellen wachsen dann im Verlauf vieler Jahre die erwähnten Büschel heran (Aufsitzerpflanzen). Bezüglich der Samenausbreitung und auch bezüglich der Bestäubung, die durch Fliegen erfolgt, liegen bei der Mistel gemäß Kap. 1.2 Symbiosen vor.

Die Mönchsgrasmücke frisst u. a. Mistelbeeren und breitet sie dabei aus: eine Symbiose. Für den Baum ist die Mistel hingegen ein Halbparasit.

Ausbreitung durch Anhaftung und Ankleben

Etliche Pflanzenarten haben hakenbewehrte Früchte oder Samen, die an Hunden, anderen Tieren sowie auch am Menschen haften bleiben. Nach einiger Zeit fallen diese Ausbreitungseinheiten ab oder sie werden abgestreift und gelangen auf den Boden, wo sie evtl. keimen können. Es liegt somit eine für die Pflanzen einseitig positive Beziehung vor. Kinder haben oft Spaß dabei, Mitmenschen mit anhaftenden Samenständen, z. B. der in Städten allerdings nicht vorkommenden Kletten-Arten, zu bewerfen.

Auf viel begangenen Wegen durch Rasen und Wiesen ist der Breit-Wegerich häufig, weil seine Samen(kapseln) an Schuhen, aber auch an Hundepfoten usw. kleben bleiben und so ausgebreitet werden.

An Hunden und z. B. Hosenbeinen haften die Fruchtstände oder die einzelnen Samen der Echten Nelkenwurz mit ihren Häkchen.

Samenausbreitung durch Ameisen

Dies geschieht so wie in Kap. 2.2, «Ausbreitung von Samen …», beschrieben. Dabei spielen Ölkörperchen an den Samen eine große Rolle; diese sind bei den in Stadtrasen und an Gehölzrändern vorkommenden Veilchen-Arten, dem Hohlknolligen Lerchensporn, dem Schneeglöckchen und der Stängellosen Schlüsselblume (Gartenprimel) sehr klein und grünlich oder weißlich, sodass sie auch mit einer Lupe nicht leicht zu sehen sind. Interessant ist, dass sich bei den beiden letztgenannten Arten die

Das Schöllkraut hat schwarze Samen mit weißen Ölkörperchen.

Stiele mit den reifen Fruchtständen zum Boden biegen; so gelangen die Ameisen leichter an die Samen mit den Ölkörperchen. Beim Schöllkraut, das an nährstoffreichen Schuttplätzen und Wegrändern vorkommt, sind die Ölkörperchen an den Samen besonders gut zu sehen.

3.3 Symbiotische Wurzelpilze (Mykorrhiza)

Auch in der Stadtnatur hat ein Großteil der Pflanzen Mykorrhiza. Details zu dieser so wichtigen Symbiose sind in Kap. 2.3 zusammengestellt. Man findet die weißlichen Stränge aus unzähligen mikroskopischen Pilzfäden am leichtesten in der Laubschicht und an sich zersetzenden Ästchen im Oberboden oder am Fuß von Pilzen.

Die mikroskopischen Fäden der symbiotischen Wurzelpilze (Mykorrhiza) sind nur dann mit bloßem Auge sichtbar, wenn sich sehr zahlreiche von ihnen, wie hier, zu 1–2 mm dicken Strängen oder zu Schichten zusammenfügen.

Neben den Mykorrhizapilzen kommen auf städtischen Grünflächen Pilz-Arten vor, die sich, wie z. B. der Nelken-Schwindling, von abgestorbenem Pflanzenmaterial ernähren.

Der Nelken-Schwindling ist kein Mykorrhiza-Pilz, sondern ernährt sich von abgestorbenem Pflanzenmaterial, eine für den Pilz einseitig positive Beziehung.

3.4 Symbiotische Stickstofffixierung bei Weiß-Klee und anderen Schmetterlingsblütlern

Weiß-Klee (Kriechender Klee) wird oft in Parkrasen angesät, weil er recht trittfest ist und dank seiner Symbiose mit stickstofffixierenden Bakterien zur Nährstoffversorgung des Rasens beiträgt (siehe Kap. 2.4). Die dafür unerlässlichen Wurzelknöllchen sind in gedüngten Rasen allerdings nicht oder nur schwach ausgebildet.

Gräbt man Pflanzen von Weiß-Klee oder anderen Schmetterlingsblütlern aus, so kann man an den oberflächennahen Wurzeln 1–2 mm große, weißliche, runde oder ovale Knöllchen sehen, in denen die Stickstofffixierung stattfindet.

3.5 Flechten: Dauersymbiose zwischen Pilz und Grünalgen bzw. Cyanobakterien

Diese sehr spezielle Symbiose wird in Kap. 2.5 im Detail beschrieben. Flechten kommen z. B. als weißliche, graue oder gelbliche Krusten auch auf Stadtbäumen vor.

Die Gelbflechte ist eine leicht kenntliche und häufige sogenannte Blattflechte. Außerdem zeigt das Bild weitere weißliche und kleinere gelbe Flechten.

3.6 Wie durch ein Wunder ist das Falllaub nach 1–3 Jahren abgebaut!

Falllaub ist die Nahrung für verschiedenste Bodenorganismen: Millionen von winzigen bis mikroskopischen Kleintieren und Pilzen sowie Billionen von mikroskopischen Bakterienzellen pro Quadratmeter Boden. Manche größeren abbauenden Pilze, u. a. auch bestimmte Mykorrhizapilze (siehe oben), bilden im Spätsommer bis in den Winter Fruchtkörper, also die «eigentlichen» Pilze. Die Pilze und Bakterien setzen bei ihrem Abbau von Falllaub und anderem totem pflanzlichem und tierischem Material verschiedene mineralische Nährstoffe frei. Diese werden von den Pflanzenwurzeln aufgenommen; so wird der Nährstoffkreislauf geschlossen, der als eine Art Symbiose aufgefasst werden kann (siehe Kap. 2.6).

Vögel wie die Amseln profitieren von Bäumen und Sträuchern in mannigfacher Weise.

3.7 Weitere häufige Symbiosen und positive Beziehungen

Vögel profitieren mannigfach von Bäumen und Sträuchern

Dies zeigt sich daran, dass an Orten ohne Bäume und Sträucher Amseln, Drosseln, Finken und viele andere Vogelarten meist nicht vorkommen. Es fehlen dann Nistplätze, Nistmaterial, Verstecke, Nahrung, Sing- und Ansitzwarten und vieles mehr. Nischen in Hausmauern und begrünte Fassaden können für bestimmte Vogelarten jedoch einen Ersatz darstellen.

Verschiedenste Tierarten profitieren von verlassenen Spechthöhlen

Spechte zimmern jedes Jahr mindestens eine neue Höhle. Leere Höhlen stehen vielen anderen Tierarten als Behausung oder Nistplatz zur Verfügung, z. B. Meisen und anderen höhlenbrütenden Vogelarten, Eichhörnchen, Fledermäusen und Hornissen, wie dies die Abbildung in Kap. 4.5 zeigt. Es liegen somit für diese Tiere einseitig positive Beziehungen vor.

Ein Star füttert in einer verlassenen Spechthöhle seine Jungen.

Kletterpflanzen, Moose, Pilze, Flechten und Algen profitieren von Bäumen und Sträuchern

Diese leicht beobachtbaren Organismen erhalten auf Bäumen mehr Licht für die Fotosynthese als auf dem Boden. Blüten und Früchte sind auf Bäumen für die Bestäuber und die Samenausbreiter gut sichtbar bzw. die Pollenkörner und Samen können leicht vom Wind fortgetragen und ausgebreitet werden. Letzteres gilt auch für die Sporen von Moosen und Pilzen oder für Flechtenteile. Meist werden die Bäume und Sträucher durch die auf ihnen lebenden Arten nicht beeinträchtigt, sodass eine für diese einseitig positive Beziehung vorliegt.

Das Zypressen-Schlafmoos, hier mit Sporenkapseln, kommt auf Baumstämmen und -strünken häufig vor. Auf feuchten Stämmen gibt es manchmal auch Beläge von Grünalgen.

Schadet der Efeu dem Baum?

Dies wird manchmal angenommen, trifft aber im Allgemeinen nicht zu. Denn die Haftorgane des Gewöhnlichen Efeus dringen nicht ins Innere des Baumes ein, entnehmen ihm also keine Nährstoffe. Die benötigten mineralischen Nährstoffe saugt der Efeu aus dem Boden. Nur selten beschattet er das Blattwerk eines Baumes oder Strauches derart stark, dass für dieses Lichtmangel herrscht, was natürlich negativ ist. Durch starken Niederschlag, Raureif oder Schnee kann das immergrüne Laub des Efeus so stark belastet werden, dass die es stützenden Äste abbrechen, v. a. bei Sturm. Die folgende Darstellung veranschaulicht einige der zahlreichen Symbiosen und positiven Beziehungen des Efeus zu bestimmten Arten. Eine weitere für den Efeu positive «Wirkung» von Bäumen ist, dass er dank deren Stützwirkung an Stellen mit genügend Licht zum Blühen gelangen kann. An schattigen Stellen blüht er nämlich nicht.

Förderungskonstellation um den Efeu

(Der Baum wird durch den Efeu im Allgemeinen nicht beeinträchtigt.)

Bestäubung und **Nahrung** für Bienen usw. im Spätherbst

Verdauungsausbreitung durch Vögel

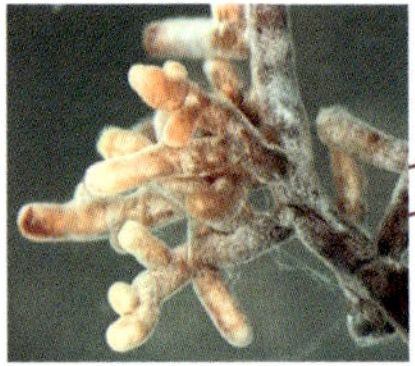

Wurzelpilz-Symbiose

Abbau-Organismen: Springschwänze, andere Tiere, Pilze und Bakterien **ernähren** sich von toten Pflanzen.

Versteck, Nist- und **Schlafplatz**

Baum als **Stütze: mehr Licht** und größere Chance für **Bestäubung** und **Samenausbreitung**

Pflanzen als Versteck, Tarnung und Stütze für verschiedenste Tierarten

Kleinsäuger, Vögel, Insekten, Spinnentiere und Vertreter anderer Artengruppen nutzen Pflanzen als Versteck oder sie profitieren von den Pflanzen dadurch, dass sie ähnlich gefärbt sind wie grüne bzw. braune Blätter oder Ästchen, Rinde usw. So werden sie von Fressfeinden nicht so leicht entdeckt. Viele Arten profitieren zudem von der Stützfunktion der Pflanzen für ihre Nester, Puppen und Kokons sowie für Waben und Spinnennetze. Mit der in Kap. 1.3 beschriebenen Klopfschirm-Methode können Insekten, ihre Larven sowie Spinnentiere leicht erfasst werden.

Spinnen nutzen Pflanzenstängel und Zweige als Stütze für ihr Netz.

Vielfältige Tarnungen und Mimikry bei Schmetterlingen

Bei Schmetterlingen kommen oft ganz verschiedene Tarnungen vor. Beim Tagpfauenauge und einigen anderen sieht die Raupe aus wie Vogelkot, die Puppe bzw. die Flügelunterseite wie ein abgestorbenes Zweiglein bzw. Blatt. Durch diese Täuschung (Mimese) wird das Tierchen von Fressfeinden wie Vögeln nicht als Beute erkannt, eine für die betreffende Art einseitig positive Beziehung. Klappt ein Tagpfauenauge seine Flügel auf, so erscheinen plötzlich vier markante Augen und täuschen ein viel größeres Tier vor, wodurch der potenzielle Fressfeind erschreckt wird und von seiner Beute ablässt. Dieses Vortäuschen wird als Schutzmimikry bezeichnet.

Das Tagpfauenauge überwintert als Falter und ist deshalb schon ab März beim Nektarsaugen und dabei auch beim Bestäuben von ganz verschiedenen Pflanzenarten zu beobachten. Raupenfutterpflanze ist die Brennnessel.

Das Tagpfauenauge ist je nach Entwicklungsstadium auf ganz unterschiedliche Weise vor Fressfeinden getarnt. Die Augen auf den Flügeln täuschen ein viel größeres Tier vor: Schutzmimikry.

Die Symbiose zwischen Blattläusen und Ameisen, eine Polizistenfutter-Beziehung

Diese Beziehung kommt häufig an jungen Trieben von Rosen, Schwarzem Holunder und vielen anderen Pflanzen vor. Blattläuse saugen nahrhaften Saft aus den Pflanzentrieben und scheiden dann den aus physiologischen Gründen für sie überflüssigen Zuckersaft, den Honigtau, aus. Ameisen betrillern mit den Fühlern die Läuse, damit diese den nahrhaften Honigtau ausscheiden. Als Gegenleistung halten die Ameisen bestimmte Fressfeinde, z. B. Marienkäferlarven von den Blattläusen fern. Gelegentlich tragen die Ameisen die Läuse zum Saugen sogar an neue junge Triebe; sie betreiben eine Art Viehzucht. Manchmal fressen sie die Läuse aber auch auf.

Bei der klebrigen Schicht, die manchmal auf unter Linden parkierten Autos festgestellt wird, handelt es sich um herabgetropften Honigtau, der von Blattläusen ausgeschieden wurde.

Ameisen kitzeln die Blattläuse mit ihren Fühlern, sodass sie zuckerhaltige durchsichtige Tröpfchen ausscheiden, die man mit einer Lupe gut sehen kann. Dieser Honigtau ist Nahrung für die Ameisen, die die Blattläuse «dafür» vor Fressfeinden schützen.

Was suchen Honigbienen an jungen Blättern der Lorbeer-Kirsche?

Vor allem im Frühling besuchen Wespen, Bienen und Ameisen die jungen hellgrünen Blätter bestimmter Sorten der Lorbeer-Kirsche (Kirschlorbeer). Denn die dunkel umrandeten Drüsen ganz unten neben dem Hauptnerv liefern ihnen süßen Nektar. Eine Schutzwirkung gegen Insektenfraß als Gegenleistung für den Zuckersaft ist allerdings wohl nicht nötig, da die giftigen Blätter kaum je angefressen werden. Vielleicht gewöhnen sich die erwähnten Insekten so an die Lorbeer-Kirsche, bis dann in den Blüten Nektar gebildet wird und es so zur Bestäubung kommt.

Biene an der dunkel umrandeten Nektardrüse; deren süßen Saft kann man mit der Zunge schwach spüren.

Hundekot fördert das Pflanzenwachstum

Unter und unmittelbar neben Hundekot ist die Nährstoffkonzentration so groß, dass der Rasen wegen Überdüngung «verbrannt» ist und deshalb für mehrere Tage gelblich wird. In einigem Abstand vom Kot wachsen die Pflanzen wegen der Düngewirkung aber besonders grün und üppig auf: eine positive Wirkung des Kots.

Unter Hundekot sind die Pflanzen «verbrannt», daneben wegen der Düngewirkung üppig grün.

Förderungskonstellation um den Regenwurm

+ **Gutes Keimbett für Pflanzen,** da die humosen Kothäufchen **viele Nährstoffe** enthalten.

+ **Abbau von toten Blättern,** die in den Boden gezogen und gefressen werden: Der Kot ist **nährstoffreich.**

Wenige bis Dutzende pro m² Rasenfläche

+ **Ausbreitung winziger Bodentiere, Samen, Pilzsporen und Bakterien** beim Bodendurchmischen und mit dem Kot

+ **Wurmgänge ermöglichen Leitung von lebenswichtigem Luftsauerstoff und Wasser zu Wurzeln, Bodentieren, -pilzen** und **-bakterien.**

+ **Bodendurchmischung fördert** Abbau von organischer Substanz: **Freisetzung von Pflanzennährstoffen.**

Das Wirken des Regenwurms ist förderlich für zahlreiche andere Arten

Bei Regenwetter sieht man auf dem Boden unter Bäumen sowie auf Rasen und in Beeten oft Regen- oder andere ähnlich aussehende Würmer. Im Herbst und Winter fallen vielerorts die bekannten Wurmhäufchen auf. Einige positive Wirkungen des Regenwurms auf andere Arten zeigt die folgende Förderungskonstellation.

3.8 Gesamtüberblick

In der Stadtnatur kommen unerwartet viele und ganz unterschiedliche, gut sichtbare Symbiosen und positive Beziehungen vor. Viele weitere, in der Stadtnatur nur selten vorkommende Symbiosen werden in den Kapiteln über den Wald, den Waldrand und über die verschiedenen Wiesen präsentiert.

4 Wald

Laubwald im Schweizer Mittelland

Wälder sind die von Natur aus dominanten Ökosysteme vom Tiefland bis in die subalpine Höhenstufe Mitteleuropas. Im Folgenden geht es nur um die tiefen Lagen. Dort herrschen Laubwälder vor, außer auf trockenen oder nassen Böden, wo meist Nadelwälder vorkommen. Extreme Standorte wie Felsen und Hochmoore sind ohne Wald. Vielerorts wurden die Struktur und die Artenzusammensetzung von Wäldern durch die menschliche Bewirtschaftung stark verändert, insbesondere durch Anpflanzungen von Fichten (Rot-Tannen), Kiefern (Föhren) oder anderen Baumarten. Seit einigen Jahrtausendenden rodet der Mensch den Wald, um landwirtschaftliche Kulturen sowie Siedlungen, Straßen und andere Infrastrukturbauten anzulegen.

Lichtungen und Waldwege werden in diesem Kapitel nur berücksichtigt, wenn dort besonders interessante und beobachtbare Symbiosen oder andere positive Beziehungen vorkommen. Die Waldränder sind Thema des Kap. 5. Die im Kapitel über die Stadtnatur beschriebenen, die Bäume und Sträucher betreffenden Symbiosen und positiven Beziehungen können auch im Wald beobachtet werden.

Eine Liste typischer Pflanzenarten des Waldmeister-Buchenwaldes sowie ihrer Symbiosen ist in Kap. 4.6 zusammengestellt. Zahlreiche weitere, nicht von Auge beobachtbare oder seltene Symbiosen, die im Wald vorkommen, sind bei Gigon (2021) beschrieben.

Als Einstieg zum Thema Wald seien nun einige wichtige, meist mit bloßem Auge sichtbare Symbiosen und positive Beziehungen, an denen die Rot-Buche beteiligt ist, präsentiert. Sie ist in weiten Teilen des mitteleuropäischen Flach- und Hügellandes eine der von Natur aus dominanten Baumarten.

Förderungskonstellation um die Buche und Eichen-Arten

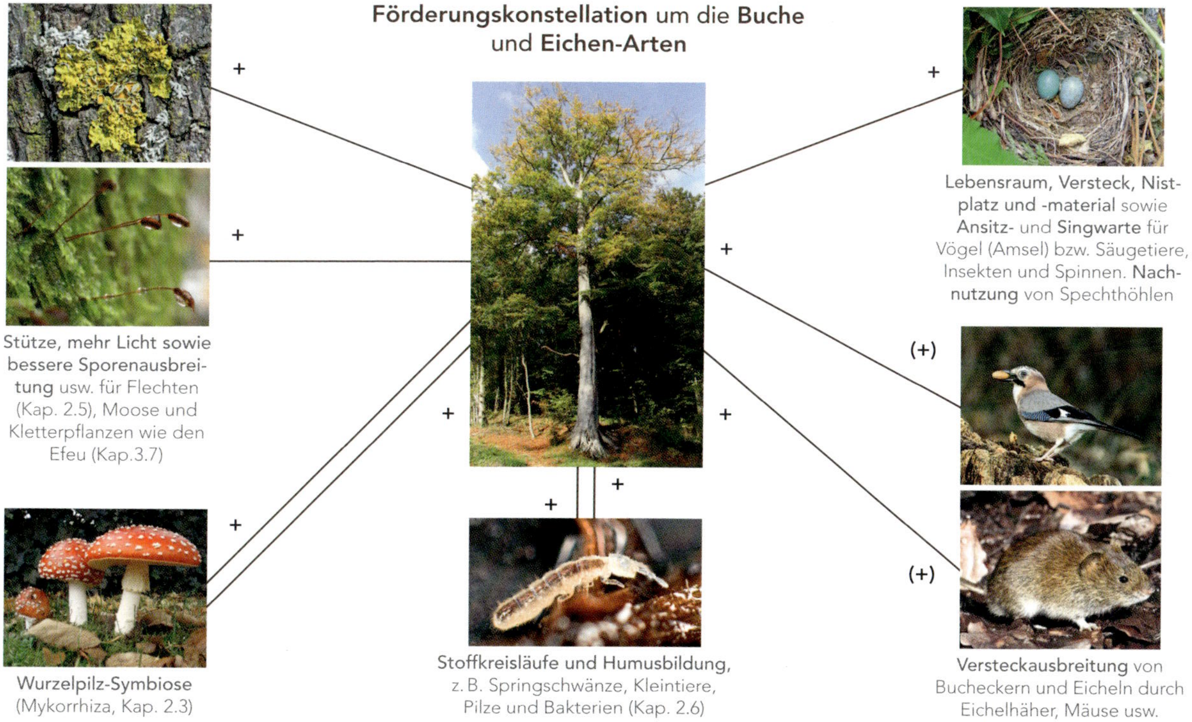

4.1 Blütenbestäubung durch Insekten

Diese bekannte, meist symbiotische Beziehung wurde in Kap. 2.1 im Detail beschrieben und ist leicht zu beobachten, v. a. bei den Kraut- und den Straucharten (zu Letzteren siehe das Kap. Waldrand). Von Insekten bestäubte Baumarten sind die Vogelkirsche, deren Zuchtform man aus Obstkulturen kennt, sowie die Ahorn-, Linden- und wenige weitere Arten. Bei intensivem Blühen einiger dieser Arten kann man das Gesumme der Bestäuber vom Boden aus hören und bei den Linden außerdem den Blütenduft riechen. Die meisten anderen Waldbaumarten sowie die Gräser und Seggen sind windbestäubt.

Häufige insektenbestäubte Gehölze im Wald (von links nach rechts): Vogel-Kirsche, Berg-Ahorn und Winter-Linde sowie die Strauchart Rote Heckenkirsche, die v. a. nachts duftet und von Nachtfaltern bestäubt wird.

Viele Kräuter des Waldes wachsen und blühen bekanntlich im Frühling, bevor sich das Laubdach der Bäume schließt, d. h., solange genug Licht für die Fotosynthese auf den Boden gelangt. Auffallend ist, dass viele dieser Kräuter weiße oder helle Blüten haben; ökologische Gründe dafür sind bisher nicht bekannt. Durch Ausgraben ist leicht feststellbar, dass ein Großteil dieser Arten Nährstoffreserven in den Wurzeln, unterirdischen Stängeln (Rhizomen), Zwiebeln oder Knollen anlegt. Dank dieser Vorräte können diese Arten (Frühlingsgeophyten) im darauffolgenden Jahr rasch austreiben. Die nebenstehende Abbildung zeigt sieben der insgesamt bis zu zehn in einem einzelnen Laubwaldbestand vorkommenden, insektenbestäubten Waldkräuter. Weitere Arten sind in Kap. 5.1 abgebildet.

4.2 Ausbreitung von Samen, Sporen und Kleintieren durch Tiere

Im Wald, insbesondere in der Strauch- und der Krautschicht, herrscht allgemein relativ wenig Wind. Wie werden dann die Pflanzensamen ausgebreitet? Es leuchtet ein, dass Tiere dabei eine große Rolle spielen. Meist liegen für die Pflanzen einseitig positive Beziehungen, manchmal auch Symbiosen vor (siehe dazu auch Kap. 2.2). Arten mit Versteck- und Haftausbreitung sind in den Kap. 4.5 und 4.6 zusammengestellt.

Häufige, im Frühling blühende, niedrige Waldkräuter (von links nach rechts und von oben nach unten): Busch-Windröschen mit Biene, Waldmeister, Ährige Teufelskralle (Rapunzel), Bärlauch mit Biene, Vielblütiges Salomonssiegel (Weißwurz), Sauerklee. Ganz rechts die Breitblättrige Stendelwurz, eine erst im Sommer blühende Orchidee.

Verdauungsausbreitung von Samen

Mehrere Waldpflanzen haben saftige Früchte; sie sind Nahrung für Vögel und andere Tiere. Nach dem Verzehr werden die unverdaulichen Samen mit dem Kot ausgeschieden, oft recht weit entfernt von der Nahrungsstelle. Es liegt also eine typische Symbiose zwischen Pflanze und Tier vor. Der Kot ist natürlicher Dünger für die sich entwickelnden Pflanzen. Manchmal werden die Samen beim Fressen des Fruchtfleisches nicht verschluckt, sondern einfach weggeschleudert. Die Beeren oder beerenähnlichen Früchte, die man im dunklen Waldesinnern finden kann, sind praktisch alle für den Menschen giftig. Auf die in lichten Wäldern und am Waldrand vorkommenden Sträucher und Kräuter mit Beeren wird in Kap. 5.2 ausführlich eingegangen.

Diese Amsel profitiert vom Laub des Kirschbaums als Versteck, frisst Kirschen und breitet dann die Kirschkerne aus. Verdauungsausbreitung liegt auch bei der Roten Heckenkirsche und beim Vielblütigen Salomonssiegel vor.

Ameisen als Samenausbreiter

Diese Ausbreitungsform ist ausführlich in Kap. 2.2, «Ausbreitung von Samen …», beschrieben. Das dabei wichtige Ölkörperchen an den Samen kommt bei den bereits oben erwähnten Arten Busch-Windröschen und Bärlauch vor, außerdem bei der Stinkenden Nieswurz, den Lungenkräutern, der Wald-Erdbeere und mehreren weiteren Arten. Auffallend ist, dass es sich dabei meist um niedrigwüchsige Pflanzenarten handelt. In Bodennähe ist der Wind im Wald so schwach, dass er für die Ausbreitung der Samen nur eine geringe Rolle spielt. Die Ausbreitung der Samen durch Ameisen ist offenbar effizienter.

Das Wald- und andere Veilchen haben an ihren Samen winzige weiße Anhängsel (Elaiosome), die ihrer Ausbreitung durch Ameisen dienen.

Tierstreuer- und Selbstausbreitung von Samen

Da in den unteren Schichten des Waldes, wie erwähnt, wenig Wind herrscht, muss man annehmen, dass viele in Fachbüchern als Windausbreiter angegebene Pflanzenarten eigentlich eine sogenannte Tierstreuer-Ausbreitung haben, d. h., die Samen werden durch an den Pflanzen vorbeistreichende Tiere weggeschleudert. Auch bei den Springkräutern wie dem Rühr-mich-nicht-an dürften Tiere für die Auslösung des Schleudermechanismus eine Rolle spielen. In beiden Fällen liegt eine für die Pflanzen einseitig positive Beziehung vor.

Wenn bei der Knoblauchsrauke die Samen reif sind, werden sie durch vorbeistreichende Tiere weggeschüttelt. Beim Kleinen Springkraut werden sie bei Erschütterung bis über 3 m weit weggeschleudert.

Tiere breiten auch winzige andere Tiere, Pilzsporen und Bakterien aus

Tiere nehmen die erwähnten Organismen oft mit der Nahrung auf und scheiden sie an einem anderen Ort unverdaut wieder aus. Dies trifft beispielsweise für die Regenwürmer zu, wenn sie sich durch den Boden fressen. Schnecken, Kleinsäuger und andere Tiere fressen u. a. auch Pilze und Pflanzen, an denen Pilzsporen oder Bakterien haften, und scheiden manche von diesen anderenorts unverdaut wieder aus. Die Sporen, die der Ausbreitung eines Pilzes dienen, kann man sichtbar machen, indem man den abgeschnittenen Hut eines Hutpilzes auf ein weißes oder schwarzes Papier legt. Nach einigen Stunden wird ein Sporenabdruck zu sehen sein (außer wenn der Pilz zu jung, zu alt oder zu nass ist).

Dieser Pilz wird von einer Nacktschnecke angefressen; dabei nimmt sie auch Pilzsporen, die sich unter dem Hut befinden, auf und verteilt sie dann mit ihrem Kot.

Muster der Sporen, die aus den Lamellen auf der Unterseite eines Pilzhutes gefallen sind, nachdem dieser einige Stunden auf ein Papier gelegt worden ist.

4.3 Symbiotische Wurzelpilze: Mykorrhiza

Als Mykorrhiza bezeichnet man die Symbiose zwischen Pilzen, welche über Fäden im Boden den Pflanzen u. a. Nährstoffe, die aus abgestorbenem Material stammen, liefern. Als Gegenleistung erhalten die Pilze von den Pflanzen Kohlenhydrate (Einzelheiten siehe Kap. 2.3). Die erwähnten Fäden sind mikroskopisch dünn, sodass man sie nur sehen kann, wenn sehr zahlreiche von ihnen zu meist weißlichen, 1–2 mm dicken Strängen oder Schichten zusammentreten. Man findet sie im Waldboden in den oberen Laubschichten, auf der Unterseite von vermodernden Ästen und Stämmen sowie am Fuß von oberirdischen «eigentlichen» Pilzen. Ebenfalls mit bloßem Auge sichtbar sind die 1–5 mm langen keulenförmigen Verdickungen, die die Mykorrhizapilze an den Feinwurzeln von Holzpflanzen hervorrufen. Wie in Kap. 2.3 dargelegt, ist der Waldboden von einem ganzen Netz von Fäden (Hyphen) verschiedener Pilze durchzogen, die die Pflanzenwurzeln miteinander verbinden, auch solche verschiedener Arten.

Einige Pilzarten bevorzugen bestimmte Baumarten als Symbiosepartner: der Sommer-Steinpilz Rot-Buche und Eichen-Arten; der Fliegenpilz bevorzugt Nadelhölzer, Birken und Rot-Buche; der Pfifferling (Eierschwamm) hat hingegen keine ausgeprägte Vorliebe. Generell sind die Präferenzen zwischen Pilz und Pflanze aber nicht sehr strikt. Man kann also keinesfalls von einer Baumart auf die Artzugehörigkeit eines darunter gefundenen Pilzes schließen. Pilze sind somit vor dem Verzehr immer genau zu kontrollieren. Die folgende Abbildung zeigt, dass Pilze neben der Mykorrhiza noch weitere Symbiosen und positive Beziehungen zu anderen Arten haben.

Förderungskonstellation um den Fliegenpilz und ähnliche Waldpilze

Ausbreitung der Pilzsporen durch den Kot von Eichhörnchen, Schnecken und anderen Tieren, die die Pilz-Fruchtkörper fressen.

Pflanze-Wurzelpilz-Symbiose = Mykorrhiza mit Nadelhölzern, Birke, Buche …

Abgestorbene Pilze sind **Nahrung** für Bodentiere, andere Pilzarten und Bakterien.

Neben den Mykorrhizapilzen leben im Wald auch Pilze, die ebenfalls fadenförmige Netze im Boden bilden, aber sich nur von abgestorbenem pflanzlichem Material ernähren: eine für den Pilze einseitig positive Beziehung, wie im Bild unten und im folgenden Abschnitt dargelegt wird.

Die Nahrung von Parasol und Speise-Morchel ist totes pflanzliches Material.

4.4 Abbau von Falllaub und Totholz

Frisch gefallenes Laub wird bekanntlich innerhalb von 2–5 Jahren abgebaut, wodurch Pflanzennährstoffe freigesetzt werden (Nährstoffkreislauf). Nur ein sehr geringer Teil wird dabei zu Humus (siehe Kap. 2.6). Bei einem toten Ast oder Baumstamm dauert die Zersetzung natürlich länger als bei Laub. Die Abbauorganismen kann man sehen, wenn man unter das Falllaub schaut oder die Rinde von toten Stämmen und Ästen z. B. mit einem Taschenmesser abhebt oder wenn man auf dem Boden liegende Äste umdreht (nachher wieder zurückdrehen, um den Lebensraum der verschiedenen Kleintiere nicht zu beeinträchtigen). Je nach den Umweltbedingungen und der Jahreszeit wird man Regenwürmer, Schnecken, Käfer, Ameisen, Milben und viele weitere Gliederfüßer sowie deren Larven vorfinden. Es ist reizvoll, diese kleinen Tierchen z. B. in einem Lupenglas näher anzuschauen. Weiter sind am Abbauprozess auch verschiedenste Pilze und Bakterien entscheidend beteiligt. Die zwischen den verschiedenen Organismen stattfindenden Abbauprozesse können gemäß dem in Kap. 1.2 Gesagten z. T. als einseitig positive Beziehungen aufgefasst werden, weil die Abbauprodukte und Ausscheidungen der einen Organismengruppe die Nahrung für die nächste Gruppe von Organismen sind.

Auch der Regenwurm spielt beim Stoffabbau im Boden eine sehr große Rolle, wie dies bereits in Kap. 3.7 ausführlich dargestellt wurde. Seine Anwesenheit verrät er nicht zuletzt durch seine Erdhäufchen.

Oft wird man auf und im Boden und an oder in Totholz auch Fleischfresser finden, z. B. Laufkäfer, bestimmte Kurzflügelkäfer, Spinnentiere und Hundertfüßer.

Abbau von Totholz. Daran beteiligt sind Pilze, Moose und Bakterien sowie (von links nach rechts und von oben nach unten): Gefleckter Schmalbock mit Larve, Weinreben-Prachtkäfer, Rossameise, Assel und Gekämmter Nagekäfer.

4.5 Weitere häufige Symbiosen und positive Beziehungen

Die Waldbäume fördern indirekt zahlreiche Pflanzen-, Tier- und Pilzarten

Hier sei zunächst auf das im Wald im Vergleich zum Freiland ausgeglichenere Klima hingewiesen. Dieses Bestandesklima und viele weitere Faktoren ermöglichen das Leben zahlreicher Pflanzen-, Tier- und Pilzarten im Wald. Der Mensch empfindet das Waldklima ebenfalls als angenehm, insbesondere an einem heißen Sommertag. Viele Waldpflanzen profitieren auch indirekt davon, dass die Bäume mit ihrem Schatten es sehr lichtbedürftigen und konkurrenzstarken Wiesenpflanzen verunmöglichen, im Wald zu gedeihen.

Tarnung für Tiere im Laubwerk

Manche Tierarten verstecken sich nicht nur im Laubwerk, sondern sind dazu auch noch getarnt. Für diese leicht feststellbare einseitig positive Beziehung gibt es unzählige Beispiele, z. B. die Braunfärbung vieler Säugetiere und Vögel, Insekten, Spinnen und Tausendfüßer sowie die Grünfärbung zahlreicher Insekten und ihrer Raupen. Mit der Klopfschirm-Methode (siehe Kap. 1.3) lassen sich viele gut getarnte Insekten, Spinnen und andere Kleintiere, die an niedrigen Ästen, in Sträuchern und in der Krautschicht leben, gut erfassen.

Beim Waldbrettspiel sind der Falter durch seine helldunkle Färbung, die Raupe beim Fraß von Gräsern und die Puppe in der Krautschicht des Waldes gut getarnt.

Das Gekreische des Eichelhähers

Beim Betreten eines Waldes fällt oft das Gekreische des Eichelhähers auf, das auch als Rätschen bezeichnet wird. Er warnt damit nicht nur Artgenossen, sondern auch andere Waldtiere vor Ungewissem: eine für alle positive Wirkung. Analoges gilt auch für die Rufe von anderen Arten, z. B. von Meisen.

Der Eichelhäher warnt mit seinem Gekreische Artgenossen und andere Tiere vor Fremdem.

Das Gewirr der Vogelstimmen

Zunächst gilt es, mehrere Minuten absolut still zu stehen und das Konzert der Vogelstimmen auf sich wirken zu lassen. Dieses ist v. a. frühmorgens im Frühling besonders vielfältig. Wie viele Gesänge und einzelne kurze Rufe lassen sich unterscheiden? Man wird kaum einen der Vögel zu Gesicht bekommen, eine für diese positive Wirkung des Blattwerks. Gewisse Rufe, z. B. von Meisen, sind einander so ähnlich, dass es manchmal schwierig ist, die einzelnen Arten zu bestimmen. Die Ähnlichkeit der Rufe (nicht der Gesänge) und die verschiedenen Richtungen, aus denen sie kommen, erschweren Fressfeinden wie dem Sperber wohl den Beutefang. Dies würde bedeuten, dass die verschiedenen Vogelarten einander durch das Gewirr ihrer Stimmen vor Feinden schützen. Auch können verschiedene Vogelarten durch ihre Rufe und Gesänge einander auf Nahrungsquellen aufmerksam machen. Beide Phänomene können als positive zwischenartliche Beziehung angesehen werden.

Verlassene Spechthöhlen dienen vielen Nachnutzern als Nistplatz

Spechte erkennt man am Trommeln und am ausgeprägten Wellenflug. Bei Bunt-, Schwarz- und anderen Specht-Arten dient das Hämmern auf Baumstämme dem Freilegen von Insekten als Nahrung, der Revier-Markierung und in der Balzzeit dem Anlocken von Weibchen sowie dem Zimmern einer jeweils nur für ein Jahr benutzten Bruthöhle. Spechthöhlen kann man finden, indem man an dicken, alten, abgestorbenen oder durch Krankheit geschwächten Bäumen, z. B. Eichen oder Buchen, den Stamm und dicke Äste von oben nach unten absucht, am besten mit einem Fernglas oder Spektiv. Wenn man Glück hat, sieht man einen Specht oder einen Nachnutzer ein- und ausfliegen oder -kriechen.

Die verlassenen Höhlen stehen vielen bekannten Tierarten als Versteck, Nistplatz oder Nachtquartier zur Verfügung (siehe Abbildung). Diese Nachnutzung stellt für die betreffenden, insgesamt über ein Dutzend Arten eine einseitig positive Beziehung dar.

Nachnutzer von Höhlen von **Schwarzspecht** und anderen **Specht**-Arten

Großer Abendsegler

Jedes Jahr wird eine neue Höhle gebaut.

Kohlmeise

Siebenschläfer

Star

Hornisse

Eichhörnchen

Förderungskonstellation um das Reh

Das Reh kann man in unseren Wäldern und im angrenzenden Landwirtschaftsland relativ häufig sehen; deshalb sind die unten zusammengestellten Symbiosen und positiven Beziehungen, an denen es beteiligt ist, von Interesse.

Förderungskonstellation um das Reh; ähnlich auch um den Hirsch

Haftausbreitung von Waldmeister, Kletten-Labkraut und anderen Pflanzenarten

Verdauungsausbreitung von Himbeere und anderen Beerenpflanzen

Kadaver ist Nahrung für Goldfliegen, andere Aasfresser und deren Larven sowie für Pilze und Bakterien.

Kot ist Nahrung für Waldmistkäfer und andere Kleintiere.

Kot ist Nahrung für Pflanzen, Tintlinge, andere Pilzarten und Bakterien.

Indirekte Förderung von Tollkirsche, Maiglöckchen usw., da für Reh giftig, also nicht gefressen wird.

Insekten als Milbentaxi

An Insekten kann man manchmal kleine Milben feststellen, die das Insekt als Taxi oder gar als Flugtaxi benutzen, um zu neuen Lebensorten zu gelangen. In vielen Fällen wird das Insekt dabei beeinträchtigt (Parasitismus). Dies ist mindestens z. T. auch bei den Milben, welche die Schöterich-Mauerbiene von einem ihrer Nester zum nächsten tragen, der Fall. Manchmal fressen Milben aber sogar parasitierende Pilze und andere Kleinstlebewesen auf ihrem Taxi.

Die unten abgebildete Gewöhnliche Käfermilbe ernährt sich von Fadenwürmern und anderen Winzlingen sowie Pilzen im Tierkot. Trocknet dieser aus, so besteigen die Jungtiere der Milben einen Mistkäfer und lassen sich von ihm zu einem frischeren Kothaufen transportieren. Wahrscheinlich schädigen diese Milben den Käfer kaum. Somit dürfte in beiden Fällen eine für die Milben einseitig positive Beziehung vorliegen.

Milben nutzen den Wald-Mistkäfer bzw. die Schöterich-Mauerbiene als Taxi bzw. Flugtaxi, ohne wesentliche Beeinträchtigungen zu verursachen.

Polizistenfutter am Stiel von Kirschenblättern

Die beiden Drüsen am Stiel eines Kirschenblattes sind mit bloßem Auge gut sichtbar.

Am Stiel solcher Blätter sind zwei 1–3 mm große, rötliche Drüsen leicht zu sehen. Sie geben besonders an jungen Blättern Zuckersaft ab, der Ameisen anlockt und von diesen gefressen wird. Wahrscheinlich halten die Ameisen Raupen und andere Kleintiere von den Blättern fern, weswegen der Zuckersaft als Polizistenfutter bezeichnet wird. Dieser Effekt dürfte nur bei Jungpflanzen eine Rolle spielen. (Wenn man die kleinen Drüsen aufbeißt, schmeckt man allerdings nichts Süßes.)

Insekten und andere Tiere als Gesundheitspolizei

Als Gesundheitspolizei gelten Insekten, insbesondere Ameisen, v. a. aus zwei Gründen: (1) Sie attackieren und fressen kranke Kleintiere und Kadaver; dadurch verhindern sie die Ausbreitung von Krankheiten, was für die betreffende Art und den «Gesundheitspolizisten» positiv ist. (2) Sie ernähren sich u. a. von Raupen und adulten Insekten, die an Pflanzen fressen. Es liegt also für diese Pflanze eine indirekt positive Wirkung der betreffenden Gesundheitspolizisten vor.

Auch wenn Füchse, Rabenkrähen und bestimmte Greifvögel Kadaver fressen, ist dies für die Aasfresser eine einseitig positive Beziehung.

Ameisen, Totengräber-Käfer und Schmeißfliege fressen eine tote Spitzmaus.

Harz schützt nicht nur Bäume, sondern auch Ameisen

Vor allem an Nadelbäumen sieht man oft Wülste und Tropfen von Harz. Es dient dazu, Stammverletzungen zu verschließen und so Parasiten und Krankheitserreger am Eindringen zu hindern. Eine ähnliche Schutzwirkung hat Harz auch im Ameisennest.

Ameisen (in der oberen Bildhälfte) tragen Harz in ihr Nest, wo es als Mittel gegen Krankheitserreger dient.

Im Moospolster auf diesem Baumstamm hatten Nadelbaumsamen genug Wasser zum Keimen und später für das Aufwachsen der Jungpflanzen.

Moose als Ammenpflanzen für die Keimung und das Aufwachsen

Viele Arten von Moosen speichern bis zum Siebenfachen ihres Trockengewichts an Wasser, wie ein Schwamm. Samen haben in einem Moospolster also feuchtere Bedingungen zum Keimen und für ihre spätere Entwicklung als auf kahlem Boden. Auch wachsen Moose nicht so hoch, dass sie die zwischen ihnen aufwachsenden Jungpflanzen beschatten könnten, wie das bei Gräsern und Kräutern oft der Fall ist. Diese Ammenpflanzen-Wirkung kann man auf alten, umgestürzten Stämmen manchmal beobachten.

4.6 Gesamtüberblick

Die folgende Tabelle zeigt, dass in einem Waldmeister-Buchenwald insgesamt rund 70 Symbiosen zwischen den 27 aufgelisteten typischen Pflanzenarten sowie Tier-, Wurzelpilz-Arten und Knöllchenbakterien vorkommen. Außerdem bestehen rund 50 einseitig positive Beziehungen zwischen den genannten Pflanzenarten und verschiedenen Tierarten. All dies verdeutlicht die große Bedeutung der Symbiosen und der positiven Beziehungen für das Funktionieren des ganzen Ökosystems.

Typische Pflanzen des Waldmeister-Buchenwaldes und ihre **Symbiosen** sowie für andere Arten positive Beziehungen seitens der Pflanzen Nach Angaben in Delarze et al. (2015), Landolt et al. (2010), und Wang & Qiu (2006) +A: Ausbreitung durch Ameisen In Klammern: wenig ausgeprägt/selten	**Bestäubung durch Insekten**	**Samenausbreitung durch Tiere**	**Wurzelpilz-Symbiose, Mykorrhiza**	Stütze für Nester, Kokons, Spinnennetze	Versteck für kleine Tiere, Tarnung	Tote Pflanzen = Nahrung für Abbauorganismen
Rot-Buche, *Fagus sylvatica*		+	+	+	+	+
Stiel-Eiche, *Quercus robur*		+	+	+	+	+
Hainbuche, *Carpinus betulus*		(+)	+	+	+	+
Gewöhnliche Esche, *Fraxinus excelsior*		(+)	+	+	+	+
Rote Heckenkirsche, *Lonicera xylosteum*	+	+	+	+	+	+
Efeu, *Hedera helix*	+	+	+	+	+	+
Echter Wurmfarn, *Dryopteris filix-mas*			+		+	+
Bärlauch, *Allium ursinum*	+	+	+		(+)	+
Gefleckter Aronstab, *Arum maculatum*	+	+	+		(+)	+
Wald-Segge, *Carex sylvatica*		(+)			(+)	+
Finger-Segge, *Carex digitata*		+A				+
Behaarte Hainsimse, *Luzula pilosa*		+A	+			+
Vierblättrige Einbeere, *Paris quadrifolia*	+	+	+			+
Vielblütiges Salomonssiegel, *Polygonatum muliflorum*	+	+	+			+
Busch-Windröschen, *Anemone nemorosa*	+	+A	+		(+)	+
Zwiebel-Zahnwurz, *Cardamine bulbifera*	+		+			+
Gewöhnliches Hexenkraut, *Circaea lutetiana*	+	+	+		(+)	+
Berg-Weidenröschen, *Epilobium montanum*	+		+			+
Süße Wolfsmilch, *Euphorbia dulcis*	+	+A	+	(+)		+
Waldmeister, *Galium odoratum*	+	+	+		(+)	+
Gewöhnliche Goldnessel, *Lamium galeobdolon*	+	+A	+		(+)	+
Wald-Bingelkraut, *Mercurialis perennis*	(+)	+A	+		(+)	+
Hasenlattich, *Prenanthes purpurea*	+	(+)	+			+
Lungenkraut, *Pulmonaria officinalis*	+	+A	+		(+)	+
Wald-Sanikel, *Sanicula europaea*	+	+	+			+
Wald-Veilchen, *Viola reichenbachiana*	+	+A	+			+
Frühlings-Platterbse, *Lathyrus vernus*, auch mit **symbiotischer Stickstofffixierung +**	+		+			+

In der folgenden Synthesezeichnung sind einige der in diesem Kapitel besprochenen Symbiosen und positiven Beziehungen zusammengestellt. Es sind jedoch nur 25 der insgesamt mehr als 1500 Arten von Pflanzen, Tieren und Pilzen, die in einem homogenen, 80–120 Jahre alten Laubwald von 0,5 km^2 Größe vorkommen, abgebildet. Ein sogenanntes Förderungsnetz in einem Laubwald ist in Kap. 12.1 dargestellt.

Symbiosen und andere positive Beziehungen in Laubwäldern

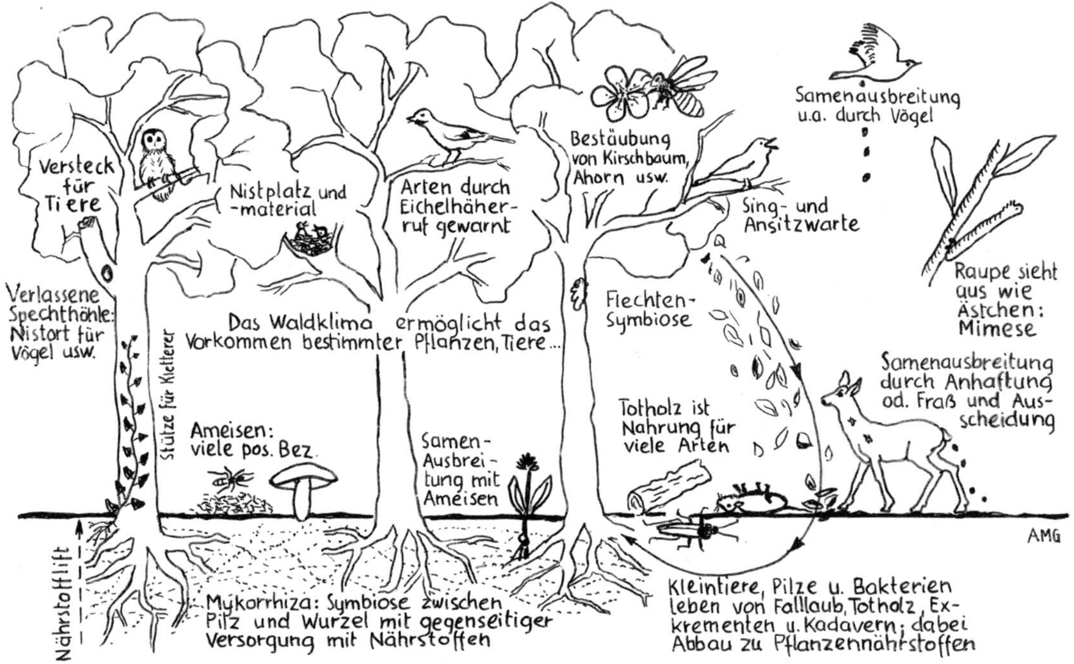

5 Waldrand, Hecke und Krautsaum

Waldrand mit blühendem Schlehdorn und kleinem Saum

Waldränder sind die Übergangszone von Wald zu Offenland, also meist zu Agrarland. Sie bestehen nur zu einem sehr geringen Teil aus Wald- und aus Offenlandpflanzen, vielmehr sind sie ein eigenständiges Ökosystem mit speziellen Pflanzen- und Tierarten sowie anderen Organismen. Waldseitig werden sie v. a. durch charakteristische Straucharten gebildet, die dank des im Vergleich zum Wald größeren Lichteinfalls dort gedeihen. Die Straucharten bilden gegen das Offenland einen sogenannten Mantel, der im Sommer grün und dicht ist. Weiter nach außen gibt es im Idealfall noch einen einige Meter breiten Krautsaum, in welchem v. a. Gräser und hochwachsende, mehrjährige Kräuter vorkommen. Das Gedeihen solcher Stauden wird dadurch ermöglicht, dass der Krautsaum nur alle 1–2 Jahre gemäht wird. Die Vielfalt der Heckenpflanzen ist in mannigfacher Weise die Lebensgrundlage für eine Fülle an Tieren und Pilzen.

Hecken können als doppelte Waldränder aufgefasst werden. Es sind einige Meter breite und meist Dutzende von Metern lange Gehölzstreifen in der Landschaft. Ähnliche Bedingungen wie in Hecken herrschen in Ufergehölzen. Je nach den Umweltbedingungen und der Bewirtschaftung enthalten Hecken neben Sträuchern auch einzelne hohe Bäume. Hecken kommen in Mitteleuropa vom Flachland bis in die subalpine

Höhenstufe vor. Viele wurden und werden im Lauf der Rationalisierung der Landwirtschaft vernichtet.

Waldränder und Hecken müssen, um als solche erhalten zu bleiben, regelmäßig bewirtschaftet werden, sonst wachsen an ihrer Stelle v. a. Bäume und schaffen waldähnliche Bedingungen. Die Sträucher und gegebenenfalls vorhandene einzelne Bäume werden alle 5–10 Jahre abschnittweise alternierend sowie selektiv auf den Stock gesetzt. Dabei werden v. a. die stark wachsenden Arten in 10–30 cm Höhe über Boden abgesägt und abtransportiert. Sie wachsen aus dem immer noch intakten Wurzelwerk natürlich rasch wieder auf. Abschnittweise heißt, dass jeweils ein Abschnitt von 5–20 m bzw. ein Drittel der Länge der Hecke auf den Stock gesetzt wird; nach einigen Jahren kommen turnusgemäß andere Abschnitte dran. So bleibt immer ein Teil des Waldrands bzw. der Hecke intakt, was insbesondere für die Tiere wichtig ist, die diese Strukturen als Versteck, Nistplatz und Nahrungsquelle nutzen. Ufergehölze werden, wenn Naturschutzanliegen berücksichtigt werden, ähnlich bewirtschaftet.

Im Folgenden werden zahlreiche Symbiosen und andere positive Beziehungen beschrieben. Viele sind ähnlich wie im Wald (Kap. 4) und auf der Magerwiese (Kap. 7), weswegen auf eine Beschreibung der betreffenden Symbiosen in diesem Kapitel verzichtet wird. Dies gilt insbesondere für die Wurzelpilz-Symbiose (Mykorrhiza) und den Abbau toter organischer Substanz, wobei an diesen Beziehungen hier allerdings andere Arten beteiligt sind als im Wald bzw. auf der Magerwiese.

5.1 Blütenbestäubung durch Insekten

Leicht zu beobachten ist, dass in Hecken die meisten Sträucher und einige Bäume, z. B. die Vogelkirsche, von Bienen und Schwebfliegen, z. T. auch von Schmetterlingen und Käfern bestäubt werden (siehe auch Kap. 3.1). Auffallend ist, dass die meisten Heckensträucher und -bäume weiße Blüten haben; vielleicht fallen sie so für die bestäubenden Insekten besonders gut auf, evtl. spielen dabei auch Markierungen im UV-Bereich eine Rolle. Die Bestäuber werden außer durch die Farbe auch durch die Form und den Duft der Blüten angelockt. Die Blüten des Schwarzen Holunders kann auch der Mensch aus einigen Metern Distanz riechen.

Blüten von Heckensträuchern und Kletterpflanzen mit Insektenbestäubung (Symbiose) (von links nach rechts und von oben nach unten in der Reihenfolge des Aufblühens): Sal-Weide mit Honigbiene, Schlehdorn, Zweigriffeliger Weißdorn, Roter Hartriegel, Schmerwurz, Schwarzer Holunder, Wolliger Schneeball, Hecken-Rose mit Bockkäfer, Liguster

Bestäubung: Zaun-Wicke durch Ackerhummel, Oregano durch Grünader-Weißling, Giersch durch Kaisermantel und Wasserdost durch Landkärtchen (Sommerform)

Viele Arten des Krautsaumes werden von Insekten bestäubt

Weitere Beispiele hierfür sind in den nächsten Abschnitten zusammengestellt. Daneben spielt auch die Windbestäubung wie bei den Gräsern und Seggen sowie bei den Brennnesseln eine große Rolle; einige weitere Arten sind Selbstbestäuber.

Den Nektar der Blüte von Akelei oder Immenblatt kosten

Den süßen Nektar, den Insekten aus Blüten holen, kann man leicht auch selbst kosten.

Den süßen Nektar in einem Sporn der Gewöhnlichen oder der Schwarzvioletten Akelei kann man kosten, indem man den Sporn abbeißt. Beim Immenblatt kann man eine Einzelblüte abreißen und aussaugen.

Schlafstättenblumen

Diese bieten Wildbienen, Schwebfliegen und kleinen Käfern Schutz während der Nacht oder bei schlechtem Wetter; dabei kommt es wohl oft auch zur Bestäubung. Diese und der Schutz während der Nacht sind für die Insekten positive Beziehungen. Am frühen Morgen kann man Vertreter der genannten Insektengruppen in verschiedenen Glockenblumen-Arten überraschen.

Eine Glockenblumen-Scherenbiene hat geschützt in einer Nesselblättrigen Glockenblume die Nacht verbracht.

Auf dem an Waldrändern recht häufigen Zwerg-Holunder sind u. a. Männchen und Weibchen des Goldglänzenden Rosenkäfers sowie des Weißfleck-Widderchens zusammengetroffen, was jeweils zur Paarung führen kann.

Rendezvous-Plätze für Männchen und Weibchen

Solche Plätze sind u. a. Blüten und Blütenstände, Früchte und Fruchtstände sowie Kot und Kadaver von Tieren. Das Zusammentreffen von Männchen und Weibchen der gleichen Art kann zur Fortpflanzung führen und bei Blüten evtl. auch zur Bestäubung, also zu positiven Beziehungen.

Die merkwürdige Blüte und Bestäubung des Aronstabes

Die Blüte des Gefleckten Aronstabes wird als Kessel-Gleitfallenblume bezeichnet (siehe Abbildung). Sie lockt mit Aas- und Fäkaliengeruch weibliche Schmetterlingsmücken (Gattung *Psychoda*) an, die passend auch als Abortfliegen bezeichnet werden. Das Innere des Aronstab-Blütenstandes kann bis 40 °C warm werden, was dazu beiträgt, die «Gestankmoleküle» effizient an die Umgebungsluft abzugeben. Wenn angelockte Abortfliegen sich auf den inneren, oberen glatten hellen Teil der Blüte setzen, rutschen sie durch einen gelblichen, reusenartigen Ring in den untersten gelben weiblichen Teil der Blüte. Von dort können sie wegen der Reusenhaare nicht mehr entweichen, sondern krabbeln auf der Suche nach einem Ausgang auf dem klebrigen weiblichen Teil der Blüten herum. Während der anschließenden Nacht platzen die Staubbeutel oben im hellbraunen Ring der männlichen Blüten und herabrieselnder Pollen bleibt auf den Fliegen kleben. Am darauffolgenden Morgen erschlaffen die Reusenhaare und die Abortfliegen können zur nächsten Aronstabblüte fliegen und diese bestäuben.

Die orangeroten Beeren des Aronstabes sind für bestimmte Vögel ungiftig und gelangen mittels der unten beschriebenen Verdauungsausbreitung an neue Standorte.

Aufgeschnittene Aronstabblüte und Schmetterlingsmücke (Abortfliege)

5.2 Samenausbreitung durch Tiere

Bei den Heckensträuchern kommen verschiedene Typen von Ausbreitung durch Tiere vor, manchmal sogar mehrere bei der gleichen Pflanzenart (siehe auch Kap. 2.2).

Rote Heckenkirsche
GEISSBLATTGEWÄCHSE

Gewöhnlicher Schneeball
MOSCHUSKRAUTGEWÄCHSE

Schmerwurz
YAMSWURZELGEWÄCHSE

Pfaffenhütchen
SPINDELBAUMGEWÄCHSE

Himbeere
ROSENGEWÄCHSE

Berberitze
BERBERITZENGEWÄCHSE

Rote und «schnabelgroße» Waldrand-Beeren und beerenartige Früchte sowie die Familienzugehörigkeit der Arten bzw. Gattungen. Erklärungen zur Konvergenz dieser Arten werden im Text gegeben. Außer den Himbeeren und den Berberitzenfrüchten sind alle für den Menschen giftig!

Verdauungsausbreitung

Die meisten Heckensträucher haben Beeren oder beerenartige Früchte, die von Vögeln und anderen Tieren gefressen werden: Verdauungsausbreitung, eine Symbiose. Um unangenehme Überraschungen für den Menschen zu vermeiden, ist es sinnvoll, alle an Waldrändern und Hecken gefundenen Beeren und anderen Früchte als giftig oder ungenießbar anzusehen. Ausnahmen sind Brombeeren, Himbeeren, Erdbeeren und Heidelbeeren (Blaubeeren). Aus diesen Beeren kann man Konfitüre herstellen, ebenso aus den Früchten von Wildrosen (Hagebutten), Schlehdorn (Schwarzdorn), Vogelbeere, Weißdorn-Arten und Schwarzem und Rotem Holunder sowie der Gewöhnlichen Berberitze. In jedem Fall ist aber eine sichere Bestimmung der Art wichtig.

Ein Großteil der Beeren und beerenartigen Früchte ist rot oder schwarz und etwa gleich groß. Für Vögel ist die Farbe Rot besonders attraktiv und die Größe der Beeren passt gut in den Schnabel. Bemerkenswert ist, dass solche Beeren, wie in der obigen Zusammenstellung ersichtlich, in ganz verschiedenen Pflanzenfamilien vorkommen, die betreffenden Arten also nicht oder nur sehr entfernt miteinander verwandt sind. Diese Tatsache zeigt, wie wichtig das Zusammenpassen von Beeren und Vögeln für das Funktionieren des Ökosystems «Waldrand» bzw. «Hecke» offenbar ist. Dieses Zusammenpassen ist in der biologischen Evolution (bzw. Koevolution) im Verlauf von Millionen von Jahren entstanden. Eine solche, bei nicht miteinander verwandten Arten unabhängig voneinander erfolgte Entwicklung von ähnlichen Strukturen oder Funktionen wird als Konvergenz bezeichnet (von lateinisch *convergere* = zusammenlaufen).

Wie erwähnt kommen am Waldrand und in Hecken auch mehrere Arten mit bläulichen oder schwarzen Beeren oder beerenartigen Früchten vor, nämlich bei Schlehdorn (Schwarzdorn), Wolligem Schneeball, Rotem Hartriegel, Liguster, Schwarzem und Zwerg-Holunder sowie beim Efeu (Details zu Letzterem siehe Kap. 3.7). Auch bei diesen Arten liegt Konvergenz vor.

Verdauungsausbreitung kommt übrigens auch bei einigen Gräsern und Kräutern des Saumes von Waldrändern und Hecken vor, z. B. bei einigen Arten von Klee und Ampfer.

Man kann die spezielle Ausbreitung des Kletten-Labkrautes leicht ausprobieren, indem man einen Trieb dieser Pflanze auf ein Kleidungsstück wirft.

Weitere Typen von Samenausbreitung durch Tiere

Die folgenden Typen wurden bereits in Kap. 2.2 beschrieben. Versteckausbreitung gibt es bei Haselnüssen und Kirschsteinen. Ausbreitung von Samen durch Ameisen kommt u. a. bei Veilchen-Arten, beim Kriechenden Günsel und bei der Zypressen-Wolfsmilch vor. Klett- und Klebausbreitung zeigen u. a. der Gewöhnliche Odermennig und das Kletten-Labkraut.

5.3 Weitere häufige Symbiosen und positive Beziehungen

Einen Überblick über oben bereits beschriebene und einige weitere Symbiosen und positive Beziehungen an Waldrändern und Hecken gibt die folgende Abbildung.

Förderungskonstellation um den Weißdorn und andere Beerensträucher

Bestäubung und **Nahrung** für Bienen, Fliegen usw.

Samenausbreitung, Nahrung, Rendezvous-Platz für Vögel

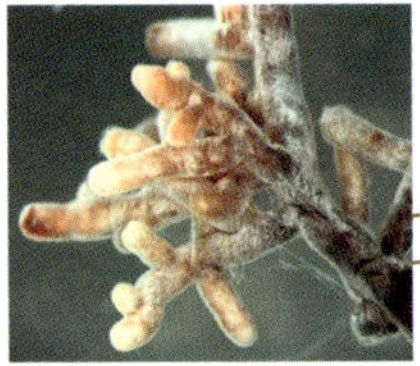

Wurzelpilz-Symbiose Mykorrhiza

Nahrung für Abbau-Organismen wie Springschwänze, Würmer, Pilze, Bakterien

Sing- und **Ansitzwarte** für Goldammer und andere Vögel

Nistplatz für Vögel; **Stütze** für Spinnennetz, Puppen, Flechten usw.

Dornenschutz und **Versteck für** Vögel, Kleinsäuger, Insekten usw.

Hecken als Versteck für zahlreiche Tierarten

Zu dieser bekannten, für verschiedenste Tierarten positiven Wirkung der Waldränder und Hecken mit ihren Dornsträuchern und dem während der Vegetationsperiode bis zum Boden reichenden grünen Mantel sei nur ein Beispiel erwähnt: Mäuse bringen sich am Waldrand in kriechenden Beständen der Wilden Brombeere erfolgreich vor dem Fuchs in Sicherheit.

Sing- und Ansitzwarten von Vögeln

Schon von Weiten hört man v. a. im Frühling die verschiedenen Gesänge und Rufe der Vögel, die Hecken und Waldränder als Versteck, Nahrungsstelle und Nistplatz nutzen. Häufig zu hören sind die Gesänge der Männchen der Amsel und der Mönchsgrasmücke.

Hohe und exponierte Stellen am Waldrand oder in Hecken dienen vielen Vogelarten als Ansitz, von wo aus gejagt wird, sowie als Singwarte, z. B. der Goldammer (siehe Foto in der Förderungskonstellation). Ihr Gesang kann umschrieben werden als «Ja, ja, ja, wie hab ich dich lieb» oder «I love bread and butter, but no cheese».

Diese Gewöhnliche Gelbflechte nutzt Heckensträucher als Lebensort, was für sie natürlich positiv ist.

Ältere Stämme und Zweige als Lebensort für Moose und Flechten

Bei Flechten liegt eine mit bloßem Auge nicht beobachtbare enge Dauersymbiose zwischen einem Pilz und mikroskopischen Grünalgen bzw. Cyanobakterien vor (Details siehe Kap. 2.5). Lebende Pflanzen dienen Flechten (und Moosen) als Lebensort, ohne dass eine Schädigung eintritt.

Gut getarnte Insekten und Spinnen, erfasst mit der Klopfschirm-Methode

Zunächst soll (bei gutem Wetter) eine Stelle mit Sträuchern und hohen Kräutern verschiedener Arten nach Insekten und Spinnen abgesucht werden. Man wird nur wenige sehen. Danach platziert man einen aufgespannten hellen Regenschirm umgekehrt, evtl. auch ein helles großes Tuch oder Papier, unter die ausgesuchte Stelle und klopft mit einem Stab oder von Hand auf die darüber befindlichen Zweige und Kräuter. Es ist erstaunlich, wie viele verschiedene Kleintiere in den umgekehrten Schirm bzw. auf das Tuch herunterfallen. Zur genaueren Beobachtung können die Tierchen in eine Becherlupe oder ein Gläschen befördert werden (Details dazu siehe Kap. 1.3).

Insekten und Spinnen, die beim Schütteln von Zweigen heruntergefallen sind.

Die Grüne Stinkwanze ist außer durch den beim Berühren frei werdenden Gestank auch durch ihre grüne Farbe in der Vegetation vor Fressfeinden gut geschützt.

Beim Zitronenfalter ist die Ähnlichkeit der Nervatur der Flügelunterseite mit jener eines hellen Blattes erstaunlich: Schutz vor Vogelfraß.

Die Vielfalt ist oft erstaunlich und je nach Jahreszeit ganz unterschiedlich: Ameisen, Schaben, Wanzen, Käfer, weghüpfende Zikaden und Heuschrecken, kleine Nachtfalter, Puppen und Raupen von Schmetterlingen sowie Ohrwürmer, Spinnen und Schnecken. Fast alle sind durch ihre grüne oder bräunliche Farbe im Laubwerk gut getarnt, was als eine für sie einseitig positive Beziehung angesehen werden kann.

Bemerkenswert ist die spezielle Fortbewegung der Spannerraupen, wie sie unten dargestellt ist. Die Spanner sind kleine, meist weißlich, grau, braun, gelb oder grünlich getarnte Nachtfalter. Ähnliche Tarnungen liegen auch bei ihren Raupen und Puppen vor. Die Raupen ernähren sich meist von Blättern, jene des Kleinen Frostspanners im Frühling von Blättern verschiedener Laubbäume, manchmal auch von Obstbäumen, wo sie Schaden anrichten können.

Die gut getarnten Raupen des Kleinen Frostspanners und anderer Spanner haben eine spezielle Fortbewegungsart.

Die Ähnlichkeit mit Wespen schützt unbewehrte Insekten vor Fraß

Eine solche Schutzmimikry ist bei bestimmten Schwebfliegen zu beobachten, aber auch beim wehrlosen Echten Widderbock. Dieser Käfer bestäubt u. a. die Blüten von Doldenblütlern (Familie Apiaceae) und Weißdorn-Arten. Die Larve lebt im Innern von abgestorbenen Ästen verschiedener Baum- und Straucharten, wo sie sich vom Totholz ernährt.

Der wehrlose Echte Widderbock hat eine gewisse Ähnlichkeit mit der wehrhaften Gewöhnlichen Wespe oder bestimmten Bienenarten und ist dadurch vor Vogelfraß geschützt.

Die Symbiose zwischen Blattläusen mit Ameisen

Sie wurde bereits in Kap. 3.7 ausführlich beschrieben und ist z. B. an jungen Trieben des Schwarzen Holunders und der Hunds-Rose zu beobachten. Mit einer Lupe sieht man sogar die hellen Zuckersaft-Tröpfchen, die von den Läusen ausgeschieden und von den Ameisen gefressen werden. Als «Gegenleistung» schützen diese die Läuse vor Fressfeinden.

Bei vielen Lungenkraut-Populationen sind die Blätter gefleckt und täuschen so Schimmelbefall, also eine Krankheit, vor. Dies dient vielleicht dem Schutz vor Fraß.

Täuschung durch gefleckte Blätter

An Waldrändern und in Wäldern kommen das Gefleckte Lungenkraut und der Gefleckte Aronstab relativ häufig vor. Forscher nehmen an, dass die Flecken Schimmelbefall oder andere Krankheiten vortäuschen sollen. Kranke Pflanzenteile werden von Fressfeinden gemieden. Dieses auch bei anderen Pflanzenarten vorkommende Phänomen kann als Schutzmimikry bezeichnet werden.

5.4 Gesamtüberblick

Zusammenfassend kann man sagen: Ohne Hecken und intakte Waldränder könnten viele Arten in der betreffenden Landschaft nicht existieren. Diese Ökosysteme liefern Vögeln, Säugetieren, Insekten und anderen nicht nur Schutz, Nahrung und andere Ressourcen, sondern sind auch sichere Refugien, von denen aus sich die Tiere auf den benachbarten Wiesen und Äckern Nahrung und Nistmaterial holen. Es liegen also diverse Symbiosen und andere positive zwischenartliche Beziehungen vor, die zur Erhaltung der Biodiversität in der Landschaft beitragen.

6 Düngewiese (Fettwiese)

Düngewiese zur Blütezeit von Gewöhnlichem Löwenzahn im April (links) und später von Rot-Klee, Weiß-Klee, Spitz-Wegerich und Gräsern

Düngewiesen werden mehrmals jährlich mit Stallmist, Jauche (Gülle) oder Kunstdünger gedüngt und mindestens zweimal jährlich gemäht sowie manchmal zusätzlich im Herbst oder Winter durch Vieh oder Schafe beweidet. Düngewiesen lassen sich gut von Magerwiesen (Kap. 7) unterscheiden, wie der Vergleich der Übersichtsfotos und insbesondere der Zusammenstellungen der blühenden Pflanzen zeigt. Düngewiesen sind an der recht homogenen, sattgrünen Farbe der dominierenden Gräser zu erkennen, im Frühling meist auch am Dunkelgelb des blühenden Gewöhnlichen Löwenzahns.

Die sogenannten Kunstwiesen werden im Verlauf der landwirtschaftlichen Fruchtfolge angesät und dann im Sommerhalbjahr alle 4–6 Wochen gemäht und jeweils anschließend gedüngt. Sie enthalten neben Gras- und Klee-Arten kaum andere Pflanzen und werden deshalb als Kleegraswiesen bezeichnet (siehe Kap. 6.4).

Kunstwiesen sind homogen grün, da sie alle 4–6 Wochen gemäht werden und so kaum Pflanzen zum Blühen kommen.

Düngewiesen und -weiden sind im Allgemeinen nach der Rodung des Waldes im Verlauf von Jahrhunderten durch die Bewirtschaftung des Menschen «von selbst», also nicht durch Ansaat, entstanden. Deswegen werden sie auch als Naturwiesen bzw. als halbnatürlich bezeichnet. Düngewiesen des Tieflandes bis in die montane Höhenstufe werden aufgrund der vorherrschenden Grasart als Glatthafer-Wiesen (Fromentalwiesen) bezeichnet, jene in der subalpinen Stufe als Goldhafer-Wiesen. Außerdem gibt es viele weitere Varianten. Manche entstehen im Verlauf einiger Jahre aus Kunstwiesen durch das Aufkommen verschiedener nicht angesäter Wiesenpflanzen aus der Samenbank im Boden und aus herangewehten oder von Tieren eingebrachten Samen.

Zu erwähnen sind auch die sogenannten Fettweiden (Dauerweiden). Sie werden aufgrund der vorherrschenden Grasart als Kammgras-Weiden bezeichnet.

Übergänge gibt es zwischen den Düngewiesen bzw. -weiden zu den Magerwiesen (Kap. 7) sowie zu den Feuchtwiesen (Kap. 8). Im Folgenden geht es v. a. um die Glatthafer-Wiese.

6.1 Blütenbestäubung durch Insekten

Typische Düngewiesen-Pflanzen, die von Insekten bestäubt werden, sind in der folgenden Abbildung zusammengestellt. Bei mehreren Wiesenpflanzenarten kommen neben der Insekten- auch Wind- oder Selbstbestäubung vor.

Von links nach rechts und von oben nach unten, mehr oder weniger in der Reihenfolge des Aufblühens: Gänseblümchen mit Fliege, Wiesen-Schaumkraut mit Wollschweber, Gewöhnlicher Löwenzahn mit Honigbiene, Scharfer Hahnenfuß mit Trauer-Rosenkäfer, Kriechender Günsel, Gamander-Ehrenpreis, Wiesen-Kerbel, Wiesen-Pippau mit Honigbiene, Rot-Klee mit Schwalbenschwanz, Kriechender Klee (Weiß-Klee) mit Bärtiger Kuckuckshummel, Gewöhnliche Wiesen-Margerite mit Biene, Wiesen-Bärenklau mit Fliegen als Bestäuber

Blüten als Rendezvous-Plätze für Männchen und Weibchen

Dieses Phänomen, das natürlich zu Nachkommen führen kann, ist leicht auf Blüten von Gewöhnlichem Löwenzahn, Margeriten und Hahnenfuß-Arten sowie auf den Blütenständen von Kerbel und Schafgarbe zu beobachten.

Der Blütenstand des Gewöhnlichen Löwenzahns ist manchmal ein Rendezvous-Platz für kleine Käfer und andere Insekten.

6.2 Samenausbreitung durch Tiere

Samenausbreitung mit dem Kot von Weide- und anderen Tieren

Beim Fressen nehmen die Weidetiere immer auch Samen auf, die dann z. T. unbeschädigt mit dem Kot wieder ausgeschieden werden. Beispiele hierfür sind die Samen von bestimmten Gras-, Klee- und Hahnenfuß-Arten, Spitz-Wegerich, Wiesen-Kerbel und vielen weiteren. Auch der Regenwurm frisst z. B. die Samen des Weiß-Klees und scheidet sie dann mit seinen Kothäufchen wieder aus. Weitere bei Kuhfladen auftretende positive zwischenartliche Beziehungen werden in Kap. 6.5 beschrieben.

Haft- und Klebausbreitung

Durchwandert man eine hochgewachsene Wiese, bleiben oft Samen und Samenstände an den Kleidern haften. Dies geschieht auch am Fell von Wildtieren und trägt zur Ausbreitung der Samen bei: eine einseitig positive Beziehung. Selten kommt bei Wiesenpflanzen auch Klebausbreitung vor, so bei den Früchten von Ampfer-Arten.

Sauerampfer-Samen: Klebausbreitung

6.3 Von der Wurzelpilz-Symbiose ist auf Wiesen nichts zu sehen

Fast alle Pflanzenarten der Düngewiesen (mit Ausnahme des Wiesen-Schaumkrauts und weniger weiterer Arten) sind auf diese Symbiose angewiesen (Mykorrhiza, siehe Kap. 2.3). Durch sie erhalten die Pflanzen mehr Stickstoff, Phosphor und andere Nährstoffe, als wenn sie keine symbiotischen Wurzelpilze hätten. Von der betreffenden (arbuskulären) Mykorrhiza sieht man jedoch nichts, weil sie keine oberirdischen Fruchtkörper bildet und weil die Pilzfäden im Boden mikroskopisch dünn sind. Außerdem trägt die Düngung dazu bei, dass die Mykorrhiza nur schwach ausgebildet ist.

Selten kommen auf Düngewiesen auch Pilze vor, die einen oberirdischen Pilzkörper bilden. Diese ernähren sich von abgestorbenen Pflanzenteilen oder von Tierkot (siehe unten).

6.4 Biologische Stickstofffixierung durch Klee und verwandte Arten

Die in Kap. 2.4 ausführlich beschriebene Symbiose spielt auf Düngewiesen nur eine geringe Rolle. Einige der daran beteiligten Schmetterlingsblütler (Hülsenfrüchtler) werden in Kap. 7.4 in Bild und Wort vorgestellt. Die Hauptversorgung mit dem wichtigen Nährelement Stickstoff erfolgt selbstverständlich durch Jauche (Gülle), Mist und Kunstdünger.

Mit dem Urin und den Kuhfladen bzw. Schafkot weidender Tiere werden, wie auch ausführlich in Kap. 9.3 dargelegt, dem Ökosystem übrigens keine neuen Nährstoffe, insbesondere auch keine Stickstoffverbindungen, zugeführt, weil diese Verbindungen ja letztlich aus den auf der Weide gefressenen Pflanzen selbst stammen (evtl. auch aus im Stall gefressenem Kraftfutter).

Angesäte sogenannte Kunstwiese mit Weiß-Klee und Italienischem Raygras (Vielblütigem Lolch)

Kleegraswiesen in der Fruchtfolge

Diese werden v. a. mit Englischem Raygras (Deutschem Weidelgras), Italienischem Raygras (Vielblütigem Lolch, Italienischem oder Vielblütigem Weidelgras) sowie mit Weiß- und Rot-Klee angesät. Diese beiden Arten fixieren mit ihren Wurzelknöllchen, wie oben erwähnt, Stickstoff aus der Bodenluft. Nach dem Absterben der Knöllchen und von Wurzelteilen stehen die entsprechenden Stickstoffverbindungen auch den benachbarten Gräsern sowie später in der Frucntfolge auch den Ackerpflanzen zur Verfügung: eine positive Wirkung.

6.5 Kuhfladen und ihre positiven Wirkungen

Manchmal werden die Düngewiesen im Herbst kurz beweidet. Unter den Kuhfladen, die es dann gibt, und um sie herum sind so viele Nährstoffe vorhanden, dass die oberirdischen Pflanzenteile zeitweilig absterben. Weiter außen um den Fladen wachsen die Pflanzen wegen der Düngewirkung üppig grün heran. Solche sogenannten Geilstellen werden wegen des Gestanks von den Weidetieren kaum abgefressen. Dort liegt also eine für die Pflanzen einseitig positive Beziehung vor (siehe auch die Förderungskonstellation).

Förderungskonstellation um Kuhfladen

Löcher und Fraßgänge von Dungkäfern geben **Zugang** ins feuchte Innere für Insekten, Pilzsporen und Bakterien.

\+ Versteck für Insekten und Spinnen

\+ **Nahrung** für Pflanzen: üppige, sog. Geilstellen

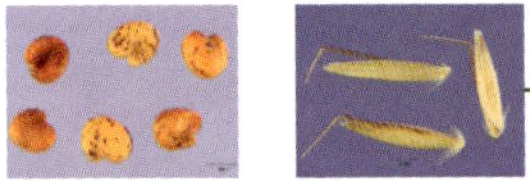

\+ **Ausbreitung** von Samen, z. B. Rot-Klee und Glatthafer

\+ **Ausbreitung** von Fadenwürmern, Pilzsporen und Bakterien

\+ **Substrat für die Entwicklung** von Pflanzen, Würmern, Pilzen und Bakterien

\+ **Nahrung** für Dung- und andere Käfer(larven), Fliegen, Milben, Würmer und Bakterien

\+ **Rendezvous-Platz** für **Männchen** und **Weibchen** von Insekten, z. B. Gelbe Dungfliege; ihre Larven fressen Insektenlarven.

Nahrung für Vögel, Mäuse usw., die Insekten und Samen aus Kuhfladen fressen.

Ähnliche positive Beziehungen, wie sie die nebenstehende Darstellung zeigt, sind auch um Pferdeäpfel und Schafkot zu beobachten.

Keine Insekten auf den Kuhfladen: Der Grund hierfür ist meist, dass das Vieh mit einem Entwurmungsmittel gegen Fadenwürmer (Ählchen), die verschiedene Krankheiten hervorrufen können, behandelt wurde. Das betreffende Mittel beeinträchtigt neben den Würmern auch verschiedene andere Organismen, weswegen auf Fladen von entwurmten Rindern meist nur relativ wenige Insekten vorkommen.

Was geschieht, wenn Kuhfladen nicht abgebaut werden?

Eine Antwort auf diese Frage ergab sich in der Mitte des 20. Jahrhunderts in Australien: Auf Viehweiden sammelte sich so viel Kot an, dass sie nicht mehr genutzt werden konnten. Grund dafür war, dass in Australien keine Käfer vorkamen, die Rinderkot abbauen. Erst nachdem mehrere Dungkäfer-Arten aus Südafrika und Europa ausgesetzt worden waren, fand der Abbau statt und das Grasland konnte wieder beweidet werden.

6.6 Weitere häufige Symbiosen und positive Beziehungen

Giftige oder stachlige Pflanzen fördern ihre Nachbarn indirekt

Dies kann man auf Viehweiden zwischen und neben Disteln sowie großen Brennnesselpflanzen feststellen. Der unten abgebildete Scharfe Hahnenfuß enthält Gifte, die die Schleimhäute des Viehs reizen.

Das Vieh meidet den giftigen Scharfen Hahnenfuß und seine unmittelbaren Nachbarpflanzen, was für diese positiv ist.

Schutz der Kleintiere in der Pflanzendecke

Grillen und Heuschrecken hört man je nach Art von Frühling bis in den Herbst hinein zirpen, aber man sieht sie fast nie, derart gut sind sie in der Pflanzendecke geschützt und z. T. sogar farblich getarnt. Wird der Pflanzenbestand gemäht, so finden sich rasch Rabenkrähen, Graureiher, Störche, Mäusebussarde oder andere Vögel ein, um die nun für eine kurze Zeit frei exponierten Kleintiere sowie Samen aufzupicken und zu vertilgen. Ähnliches geschieht, wenn Vieh oder Schafe auf einer Weide fressen; dabei kommt noch hinzu, dass diese Weidetiere viele Insekten aufschrecken und so dem Vogelfraß exponieren. Die Kleintiere profitieren also von der Pflanzendecke sowie auch von den dort ausgeglicheneren Klimabedingungen.

Den Gewöhnlichen Grashüpfer sieht man fast nie, denn er lebt gut versteckt und farblich getarnt in der Pflanzendecke – bis diese gemäht oder beweidet wird.

Die Kleintiere sind im dichten Wiesenbestand geschützt, bis er gemäht oder beweidet wird. Dann taucht rasch z. B. ein Storch auf und kann sie aufpicken und fressen.

Mäuse- und Maulwurfhaufen sind günstige Stellen für das Aufwachsen von Pflanzen

Diese feinerdereichen Stellen sind eine Zeit lang frei von Nachbarpflanzen und damit besonders günstig für das Aufwachsen von neuen Pflanzenindividuen, eine indirekte Förderung durch Mäuse oder Maulwürfe. Dies gilt z. T. auch für die Trittspuren des Viehs, weil dort die Pflanzendecke verletzt wurde.

Mäusehaufen sind für das Aufwachsen neuer Pflanzen aus Samen besonders günstig.

Positive Beziehungen zwischen dem Regenwurm und anderen Bodenorganismen

Die bereits in Kap. 3.7 präsentierte Darstellung zeigt mehrere auch auf Düngewiesen vorkommende bekannte und oft leicht beobachtbare positive Wirkungen des Regenwurmes auf Pflanzen, kleine Bodentiere, Pilze und Bakterien.

6.7 Gesamtüberblick

Im Ökosystem Düngewiesen kommen trotz der geringen Artenzahl mehrere Symbiosen und positive zwischenartliche Beziehungen vor.

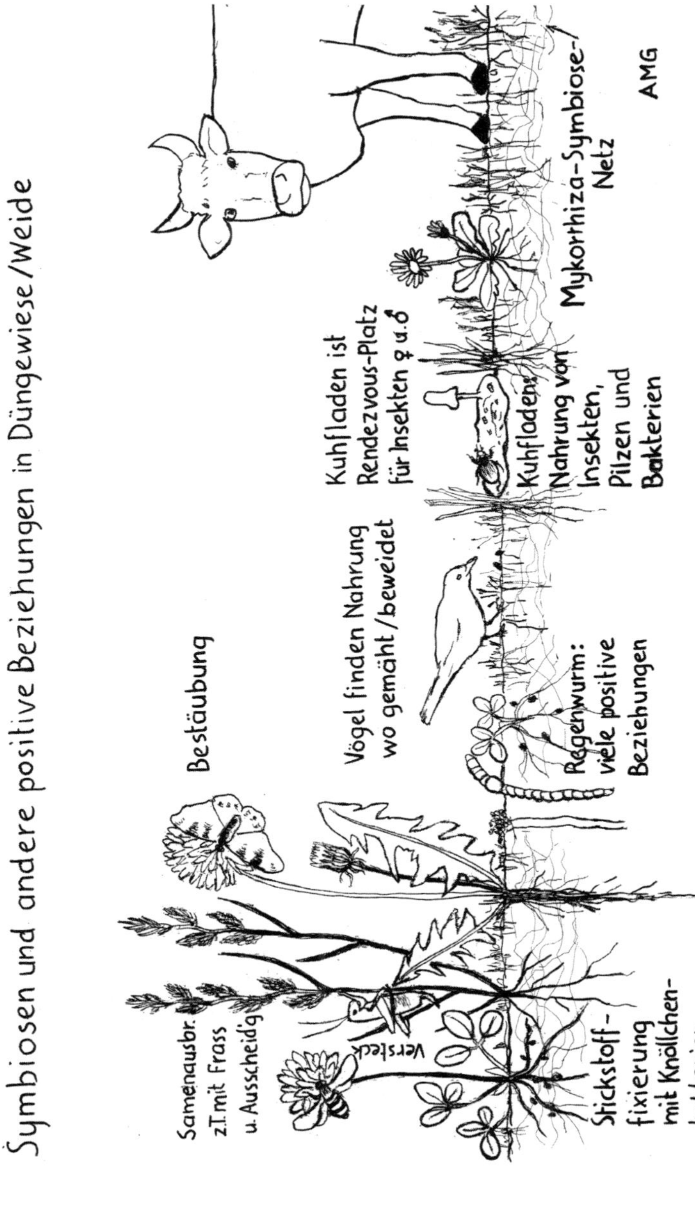

7 Magerwiese und -weide (Trockenwiese)

Magerwiesen mit blauviolettem Wiesen-Salbei, gelbem Gewöhnlichem Wundklee, Margerite und Aufrechter Trespe, der charakteristischen Grasart, bieten Schmetterlingen, Wildbienen und unzähligen anderen Arten einen Lebensraum.

Magerwiesen und -weiden sind ungedüngte und deshalb ertragsarme Grasland-Ökosysteme, die einmal jährlich zur Heuproduktion gemäht bzw. extensiv beweidet werden. Die obige Fotografie und die zahlreichen blühenden Pflanzen, die in den nächsten Unterkapiteln abgebildet sind, sowie die hellgrüne Farbe erlauben, sie von den Düngewiesen und anderen Grasländern zu unterscheiden.

Magerweiden und -wiesen entstanden nach der Rodung des Waldes durch jahrhundertelange Beweidung bzw. regelmäßige Mahd. Häufig ist auf ihnen das Gras Aufrechte Trespe *(Bromus erectus)* dominant; dann werden sie als Trespen-Halbtrockenrasen (Mesobrometen) bezeichnet. Bis in die 1950er-Jahre war dieser Wiesentyp von der Hügel- bis in die subalpine Höhenstufe an trockenen und warmen Berghängen weit verbreitet, besonders auf kalkhaltigen Böden: Kalkmagerrasen. Heute kommen sie z. B. noch im Schweizer Jura, auf der Schwäbischen Alb und in anderen Mittelgebirgen sowie in den Voralpen vor. Jedoch wurden sie in den letzten Jahrzehnten infolge der Intensivierung der Landwirtschaft (Düngung, häufigere Mahd bzw. stärkere Beweidung) oder wegen fehlender Bewirtschaftung, also Verbrachung, immer seltener. Mancherorts wurden Trockenwiesen auch überbaut.

Auf Trockenwiesen und -weiden kommen sehr zahlreiche Pflanzen- und Tierarten vor, darunter auch äußerst seltene, insbesondere Orchideen (siehe die Artenlisten in Kap. 7.6) sowie Schmetterlinge und Wildbienen. Deshalb stehen diese Wiesen meist unter Naturschutz. Im Zusammenhang mit diesem Artenreichtum kommen zahlreiche Symbiosen vor. Alle für die Düngewiesen und -weiden beschriebenen Symbiosen können auch auf Magerwiesen bzw. -weiden festgestellt werden, jedoch unter Beteiligung anderer Pflanzen- und Tierarten. Auch mit den alpinen Rasen (Kap. 9) bestehen zahlreiche Ähnlichkeiten.

7.1 Blütenbestäubung durch Insekten

Die Blütenbestäubung – also die wohl bekannteste Symbiose (siehe Kap. 2.1) – erfolgt durch Wildbienen, Honigbienen, Schwebfliegen, Schmetterlinge, Käfer und Vertreter weiterer Insektengruppen. Manchmal

Blüten mit Insektenbestäubung (von links nach rechts und von oben nach unten in der Reihenfolge des Aufblühens): Raues Veilchen, Echte Schlüsselblume, Kleines Knabenkraut, Acker-Witwenblume mit Sechsfleck-Widderchen (Zygänen), Feld-Thymian mit Landkärtchen, Gewöhnliches Sonnenröschen mit Schwebfliege, Skabiosen-Flockenblume mit Schwebfliege, Tauben-Skabiose mit Großem Ochsenauge, Wiesen-Schafgarbe mit Assel, Aufrechter Ziest

ist die Bestäubungsaktivität der Bienen so groß, dass man ihr Summen hören kann. Da auf Magerwiesen von Frühling bis Herbst immer etwas blüht, ist auch die Bestäubung bei gutem Wetter fast immer beobachtbar. Einige häufige insektenbestäubte Arten sind unten und in den Kap. 7.2 und 7.4 abgebildet.

Hummeln sind die ersten Bestäuber im Jahreslauf

Hummeln sind die ersten im Frühling fliegenden Bestäuber. Es handelt sich dabei um begattete Jungköniginnen, die u. a. eine Stelle suchen, wo sie allein (!) ein neues Volk gründen können. Hummeln können schon bei relativ kühlen Temperaturen fliegen (so auch frühmorgens und spätabends), da sie einen schützenden Pelz haben und weil ihre Körperoberfläche im Vergleich zum Volumen relativ klein ist. Auch können sie sich vor dem Fliegen «aufheizen», und zwar durch Vibrieren der Brustmuskulatur bei abgekoppelten Flügeln. Dieses Vibrieren benutzen Hummeln auch, um aus Staubbeuteln bestimmter Pflanzenarten die Pollenkörner wie aus einem geschüttelten Salzstreuer auf ihren Körper rieseln zu lassen, wo sie dann haften bleiben und schließlich der Bestäubung dienen. Diese sogenannte Vibrationsbestäubung kommt auch bei Tomaten und anderen Nachtschattengewächsen sowie bei Heidekrautgewächsen vor.

Diese Wiesenhummel bestäubt gerade eine Acker-Witwenblume.

Den Nektar bestimmter Blüten kosten

Zupft man Einzelblüten aus dem Blütenstand von Rot-Klee, so kann man an den Abrissstellen der Einzelblüten den süßen Nektar aussaugen, sofern das nicht bereits Insekten gemacht haben. Das geht u. a. auch bei Wundklee, Echter Schlüsselblume (siehe Bild oben) und Wiesen-Salbei.

Blütenstand von Rot-Klee, aus vielen Einzelblüten mit süßem Nektar bestehend

Salbeiblüten haben einen speziellen Bestäubungsmechanismus

Die folgenden Zeichnungen zeigen, wie eine Hummel in die Blüte eindringt, um mit dem Rüssel Nektar aufzusaugen. Dabei drückt sie mit dem Kopf den hinteren Arm eines Hebelmechanismus nach hinten (3 und 4, sog. Schlagbaummechanismus). Dadurch wird der vordere, die Staubbeutel enthaltende Arm des Hebelmechanismus auf ihren Rücken gedrückt (1). Dort bleiben Pollenkörner haften. Beim nächsten Besuch einer Salbeiblüte werden diese Pollenkörner auf die aus der Blüte herausragende Narbe (2) abgestreift. Schließlich kommt es in der Samenanlage zur Befruchtung und zur Bildung von Samen. Diesen ganzen Mechanismus kann man selber auslösen, indem man z. B. eine Bleistiftspitze vorsichtig in eine Blüte hineinschiebt.

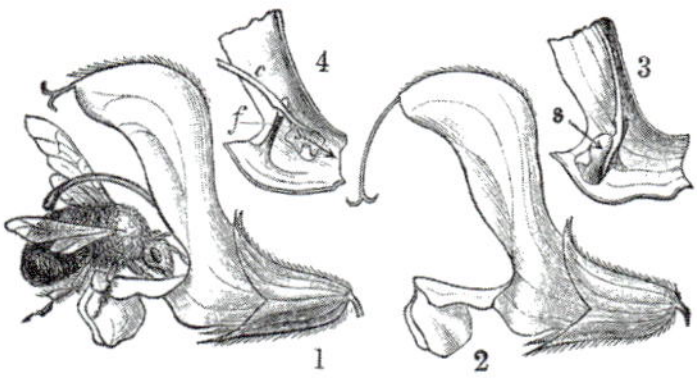

Die spezielle Bestäubung des Wiesen-Salbeis durch eine Hummel

Blütenbestäubung der Orchideen

Zunächst sei erwähnt, dass alle Arten von Orchideen (viele auch als Knabenkräuter bezeichnet) in Mitteleuropa geschützt sind. Da praktisch alle auch besonders trittempfindlich sind, ist beim Beobachten, insbesondere auch beim Fotografieren, besonders vorsichtig vorzugehen.

Der Bestäubungsmechanismus vieler einheimischer Orchideen-Arten ist einzigartig. Dies soll anhand der Gefleckten Fingerwurz (Fuchs' Geflecktes Knabenkraut) beschrieben werden, die v. a. in frischen bis feuchten Magerwiesen sowie in lichten Wäldern auf neutralen bis basischen Böden recht häufig vorkommt. Die Art wird 20–60 cm hoch und hat dunkel gefleckte Blätter, was aber auch für andere Fingerwurz-Arten zutrifft. Die Fingerwurz- und die oft ähnlichen Knabenkraut-Arten (im engeren Sinn) haben keinen Nektar, werden aber trotzdem von Insekten besucht, vermutlich, weil sie ähnlich aussehen und evtl. duften wie andere rot blühende Arten, die Nektar haben.

Die Pollenkörner (Blütenstaub) vieler Orchideen-Arten sind oberhalb der Lippe, die als Landeplatz für Insekten dient, und oberhalb des Eingangs zum Blütensporn zu zwei Pollenpaketen verklebt (Foto dieser Pollinien auf einem Grashalm und Pfeil in der Detailaufnahme). Diese keulenförmigen Pakete haben zuunterst am Stiel eine Haftscheibe mit «Sekundenkleber». Besucht ein Bestäuber die Blüte, bleiben deshalb ein oder beide Pollenpakete sofort an dessen Kopf, an den Fühlern oder am Rüssel kleben. Das Bild gegenüber zeigt, wie eine Erdhummel eine Mücken-Händelwurz (Langspornige Handwurz) besucht und dabei mehrere hellgelbe Pollenpakete von früheren Blütenbesuchen am Rüssel hat. Weil die Stiele der Pollenpakete nach 30–60 Sekunden erschlaffen, kommen diese Pakete beim Besuch einer nächsten Blüte der gleichen Art jeweils direkt auf der Narbe zu liegen, auf der Pollenkörner haften bleiben. Die Blüte wird somit bestäubt, was letztlich zur Samenbildung führt.

Bei der Gefleckten Fingerwurz kann man oberhalb der Blütenlippe die beiden dunklen, rötlichen, länglichen Pollenpakete (Pfeil) mit einer Lupe gut sehen, sofern sie nicht bereits von einem Bestäuber «abgeholt» worden sind. Führt man einen dünnen Grashalm oder eine Bleistiftspitze vorsichtig in eine Blüte ein, bleiben mit etwas Glück die beiden Pollenpakete daran kleben.

Eine Mücken-Händelwurz, die von einer Erdhummel bestäubt wird, an deren Rüssel mehrere hellgelbe Pollenpakete von früheren Blütenbesuchen kleben.

Die Blüten der Ragwurz-Orchideen ahmen Insektenweibchen nach: Mimikry

Ragwurz-Arten (Gattung *Ophrys*) sind selten, sodass es sehr viel Glück braucht, um das folgende interessante Phänomen beobachten zu können. Bei den Ragwurzen ahmen die nektarlosen Blüten die Weibchen bestimmter Wildbienen-Arten, z. T. auch Wespen-, Fliegen- oder Käferarten nach. Die folgende Fotografie zeigt ein Männchen der Ragwurz-Zikadenwespe an einer Blüte der Fliegen-Ragwurz. Es wurde zur Blüte gelockt, weil diese ähnlich duftet wie ein Zikadenwespen-Weibchen. Außerdem hat die Blüte eine ähnliche Form, Farbe und Behaarung wie ein Weibchen. So kommt es zu einer sogenannten Pseudokopulation. Dabei

Ein Männchen der Ragwurz-Zikadenwespe versucht, eine Blüte der Fliegen-Ragwurz zu begatten, da diese Ähnlichkeiten mit einem entsprechenden Weibchen hat.

werden, wie oben beschrieben, ein oder zwei Staubbeutelpakete auf das Männchen geklebt. Dieses trägt die Pakete zur nächsten Fliegen-Ragwurz-Blüte, wo Pollenkörner auf der Narbe haften bleiben. Schließlich kommt es zur Bildung von Samen (siehe Kap. 2.1). Die soeben beschriebene Form der Nachahmung wird als Blüten-, Lock- und Sexualmimikry bezeichnet; sie ist ein spezieller Typ von Bestäubungs-Symbiose.

Waldhyazinthen und Nachtfalter

Die Blüten beider Arten von Waldhyazinthen (Breitkölbchen) sind weiß und duften nachts besonders stark. So locken sie v. a. Nachtfalter an, die mit ihrem langen Rüssel den Nektar ganz hinten aus dem Blütensporn saugen. Die beiden gelblichen Pollenpakete oben in der Mitte der Blüte sind gut sichtbar (Details hierzu siehe oben).

Die Blüten der Waldhyazinthen-Arten werden v. a. von langrüsseligen Nachtfaltern bestäubt.

Blütenstetigkeit beobachten

Verfolgt man den Flug eines Insektes von Blüte zu Blüte, fällt auf, dass meist nur die Blüten einer einzigen Art besucht werden, was als Blütenstetigkeit oder Bestäuberkonstanz bezeichnet wird. Dieses Verhalten gewährleistet, dass Pollen nur auf Blüten derselben Art gelangt und so eine Befruchtung und Samenbildung stattfinden kann.

Rendezvous-Plätze für Männchen und Weibchen auf Blüten (und an anderen Stellen)

Häufig lässt sich beobachten, dass auf Blüten Bestäuber der gleichen Art zusammentreffen, wobei es manchmal zur Paarung kommt.
Dies ist für den Fortbestand der betreffenden Art natürlich förderlich. Oft findet auch eine Bestäubung statt, sodass nicht nur eine einseitig, sondern eine wechselseitig positive

Beziehung zwischen Pflanze und Insekt vorliegt. Auch Samenstände, Beeren und andere Früchte sowie Exkremente und Kadaver dienen bestimmten Insekten als Rendezvous-Plätze.

Auf dem Blütenstand der Wilden Möhre treffen Männchen und Weibchen des Roten Weichkäfers zusammen, auf den Blüten des Gewöhnlichen Hufeisenklees bestimmte Blatthornkäfer.

7.2 Samenausbreitung durch Tiere

Neben der Wind- und der Selbstausbreitung kommen bekanntlich ganz verschiedene Typen von Samenausbreitung durch Tiere vor (siehe Kap. 2.2).

Haftausbreitung

Diese Form der Ausbreitung von Samen und Samenständen kann man nach einer Wanderung unmittelbar entlang einer hohen Trockenwiese oder -weide leicht an der Kleidung feststellen. Diesen Ausbreitungstyp haben mehrere Grasarten, Skabiosen und Witwenblumen, auf Weiden auch die Große Klette sowie einige weitere Arten. Entsprechendes geschieht natürlich auch, wenn Vieh, Schafe, Rehe, Füchse oder Dachse und andere Tiere auf Wiesen und Weiden unterwegs sind.

Durch die Poren der Kapselfrucht der Knäuel-Glockenblume können die Samen durch vorbeistreichende Tiere herausgeschüttelt werden.

Tierstreuer-Ausbreitung

Bei dieser werden durch vorbeistreifende Tiere Samen aus einem Samenstand herausgeschleudert. Dieser Ausbreitungstyp kommt bei recht vielen hochwachsenden Wiesenkräutern vor, z. B. bei Wiesen-Salbei, Echter Schlüsselblume und Knäuel-Glockenblume. Die Kapselfrucht Letzterer hat auf der Unterseite Poren, durch die die Samen herausgeschüttelt werden können. Zwischen der Tierstreuer- und der Windausbreitung gibt es alle Übergänge.

Verdauungsausbreitung

Bei der Verdauungsausbreitung werden Pflanzensamen von Weidetieren, Kleinsäugern und weiteren Tieren gefressen und dann mit den Exkrementen unverdaut ausgeschieden. Manchmal kann man Jungpflanzen sehen, die aus Kuhfladen herauswachsen, z. B. von Grasarten oder vom Wiesen-Sauerampfer. Auch der Regenwurm trägt wesentlich zur Ausbreitung von Samen bei. So fanden Willems und Huijsmans (1994) auf artenreichen Trockenwiesen in den Niederlanden in den Wurmhäufchen pro Quadratmeter und Jahr insgesamt 60–100 Samen zahlreicher Arten.

Samenausbreitung durch Ameisen

Diese kann man feststellen, wenn man im Spätfrühling und Sommer eine Ameisenstraße unter die Lupe nimmt. Einige der vorbeigetragenen Samen haben 0,5–2 mm große nahrhafte sogenannte Ölkörperchen (Elaiosome), deren Duft Ameisen anlockt. Die Samen werden dann, wie in Kap. 2.2, «Ausbreitung von Samen bzw. Früchten» beschrieben, ausgebreitet.

Die Samen des Rauen Veilchens und anderer Veilchen-Arten haben ein weißliches, kleines Fettkörperchen, das Ameisen anlockt. Diese breiten die Samen aus.

7.3 Mykorrhizen und andere positive Beziehungen zwischen Pilzen und Pflanzen

Ein Großteil der Pflanzenarten auf Magerwiesen und -weiden lebt in Symbiose mit Wurzelpilzen (siehe Kap. 2.3). Von den auf Wiesen häufigen (arbuskulären) Mykorrhizapilzen sieht man nichts, weil sie keine oberirdischen Fruchtkörper bilden und weil bei ihnen wie bei allen Bodenpilzen die Pilzfäden mikroskopisch dünn sind. Nur einige wenige Mykorrhizapilze bilden auf Magerwiesen oberirdische Fruchtkörper, also «richtige» Pilze aus, z. B. die Saftlinge (Gattung *Hygrocybe*). Gar keine Mykorrhiza haben das Wiesen-Schaumkraut sowie einige Gänsekresse- und Seggen-Arten.

Neben den Mykorrhizapilzen kommen auf Wiesen und Weiden auch nicht symbiotische Pilzarten vor. Sie ernähren sich von abgestorbenen Wurzeln und Sprossen, also saprobiotisch. Zu diesen Arten gehören der Feld-Champignon und der Riesen-Bovist, der 10–50 cm große weiße Knollen bildet, die auf dem Boden liegen.

Der Feld-Champignon lebt von abgestorbenem Pflanzenmaterial im Boden: eine für ihn einseitig positive Beziehung (keine Mykorrhiza).

7.4 Die Wurzelknöllchen von Klee-Arten und anderen Schmetterlingsblütlern

Gräbt man die Wurzeln von einer der vielen auf Magerwiesen und -weiden vorkommenden Arten von Klee oder anderen Schmetterlingsblütlern (Leguminosen, Fabaceae) vorsichtig aus, so kann man an den oberflächennahen Wurzeln kleine helle 1–2 mm große Knöllchen oder längliche Körperchen feststellen. Die in diesen stattfindende symbiotische Stickstofffixierung wurde bereits in Kap. 2.4 beschrieben. Die dabei entstehenden Stickstoffverbindungen sind eine wichtige Grundlage für die Bildung von Eiweißverbindungen in den Pflanzen und nach dem Fraß auch in Tieren und damit auch in der Milch und im Fleisch. Hierauf wird ausführlich anhand der alpinen Rasen eingegangen (Kap. 9.3).

Pflanzen mit biologischer Stickstofffixierung (von links nach rechts und von oben nach unten): Rot-Klee mit Großem Perlmutterfalter, Gewöhnlicher Hornklee mit Stahlblauer Mauerbiene, Hopfenklee, Saat-Esparsette, Gewöhnlicher Hufeisenklee, darunter Berg-Klee und rechts Kriechende Hauhechel

Die Pflanzen mit biologischer Stickstofffixierung haben wegen dieser speziellen Ernährungsweise auf den nährstoffarmen Böden der Magerwiesen einen Konkurrenzvorteil gegenüber den anderen Pflanzenarten. Deshalb kommen in diesen Wiesen meist viele Schmetterlingsblütler vor. Die Stickstoffverbindungen, die in den Knöllchen fixiert wurden, kommen nach deren Absterben auch den benachbarten Pflanzen, die keinen Stickstoff fixieren können, zugute: eine einseitig positive Beziehung. Die folgende Abbildung zeigt einige weitere positive Beziehungen, die von einer stickstofffixierenden Pflanzenart ausgehen können.

Förderungskonstellation um den Wundklee
und ähnliche Schmetterlingsblütler

Bestäubung durch
Hummeln und Schmetterlinge

Samenausbreitung an Fell sowie
durch Fraß und Ausscheidung

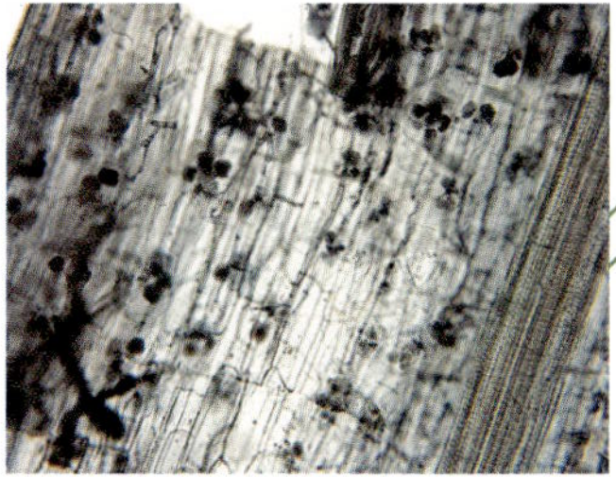

Symbiose mit Wurzelpilzen
(arbuskuläre Mykorrhiza)

Abbau von toten Pflanzen durch
Springschwänze, andere Kleintiere
sowie Pilze und Bakterien

Symbiotische Stickstofffixierung
mit Knöllchenbakterien

7.5 Weitere häufige Symbiosen und positive Beziehungen

Zunächst sei festgehalten, dass die folgenden, leicht beobachtbaren Symbiosen und positiven Beziehungen auch auf Magerwiesen und -weiden wichtig sind, aber hier nicht präsentiert werden, da dies bereits in früheren Kapiteln erfolgt ist:

- die Förderungskonstellation um den Regenwurm in Kap. 3.7,
- die positiven Beziehungen um einen Kuhfladen in Kap. 6.5.

Günstiges Mikroklima, Verstecke und Stützwirkung im Pflanzenbestand

Zwischen den hochwachsenden dominierenden Pflanzen, wie der unten in einer Förderungskonstellation präsentierten oft dominanten Aufrechten Trespe, entsteht ein Mikroklima, das für andere Pflanzen- sowie für zahlreiche Tierarten günstiger ist als das Klima auf unbewachsenem Boden. Die Pflanzen dienen natürlich auch vielen Insekten- und Spinnenarten als Verstecke und Tarnung und geben ihnen so einen gewissen Schutz vor Fressfeinden: eine einseitig positive Beziehung. Daher ist es schwierig, z. B. eine Feldgrille oder ein Grünes Heupferd zu beobachten, obwohl man sie gut hören kann. Weiter bieten Pflanzen Nistplätze und -material bzw. Stützen für das Deponieren der Insekteneier sowie das Aufhängen von Puppen und Spinnennetzen, wie dies aus der Förderungskonstellation ersichtlich ist.

Schwalbenschwanz: mit Flügelzipfeln und Augen an den Hinterflügeln

Schutzmimikry des Schwalbenschwanzes

Dieser recht häufige Tagfalter, dessen Raupe bekanntlich gerne Blätter von Möhrenpflanzen und anderen Doldenblütlern frisst, hat an den Hinterflügeln zwei lange Zipfel und rötliche Augenflecke. Wozu dienen sie? Gemäß neueren Untersuchungen täuschen sie den Kopf eines Insekts vor (Mimikry). Vögel picken darauf, erwischen aber nur Flügelteile. Schmetterlinge können auch mit leicht lädierten Flügeln fliegen und so entkommen.

Förderungskonstellation um die Aufrechte Trespe und ähnliche Gräser

Durch **Anhaftung an Tieren werden** die Samen(stände) verbreitet.

Abgestorbene Pflanzen sind **Nahrung** für winzige Tiere (z. B. Springschwänze), Pilze und Bakterien.

Wurzelpilz-Symbiose (Mykorrhiza)

Stütze für Netz von Baldachin- und anderen Spinnen sowie für Kokons und Puppen von Insekten

Schutz vor Fraß durch Tarnung und **Versteck** für Heupferd und andere grüne Insekten bzw. Raupen

Kleintiere nutzen hohe Pflanzenstängel zum Übernachten und auch längerfristig

Dieses merkwürdige Phänomen kann man bei Schmetterlingen, Heuschrecken und anderen Insekten beobachten. Sie schützen sich auf diese Weise wohl v. a. vor Spitzmäusen, Laufkäfern, Erdkröten und anderen Fleischfressern. Vielleicht spielt es auch eine Rolle, dass sich die Insekten am Morgen oben auf den besonnten Pflanzenstängeln rascher erwärmen und dann besser wegfliegen können als unten in der Pflanzendecke. Eventuell geht es auch um Rendezvous-Plätze für Männchen und Weibchen. Insgesamt dürften für die Kleintiere also mehrere einseitig positive Beziehungen mit den Pflanzen vorliegen.

Einen Spezialfall stellen bestimmte Schneckenarten dar, welche der im Sommer bis über 40 °C erreichenden Temperatur an der Bodenoberfläche entfliehen, indem sie auf hohe Pflanzenstängel kriechen. Dort verbleiben sie manchmal monatelang.

Was machen Krainer Widderchen bzw. Heideschnecken oben auf toten Pflanzenstängeln?

Bestimmte Schwebfliegen sehen so aus wie Wespen oder Bienen: Schutzmimikry

Schwebfliegen können, wie der Name sagt, in der Luft stehen. Man kann sie auch daran erkennen, dass sie im Gegensatz zu den Wespen und Bienen viel größere Augen haben sowie nur zwei Flügel und keinen Stachel. Dieser «Mangel» kann dadurch wettgemacht werden, dass viele Schwebfliegen-Arten einen schwarz-gelb geringelten Hinterleib haben. Offenbar halten Vögel sie dann für wehrhafte Wespen oder Bienen und greifen sie nicht an, eine für die Schwebfliegen positive Wirkung. Dieses Phänomen wird Schutzmimikry genannt.

Diese wehrlose Schwebfliege sieht ähnlich aus wie eine wehrhafte Deutsche Wespe und wird deshalb von Vögeln nicht attackiert und gefressen.

Was ist die Kuckucksspucke eigentlich?

Die Larven der Blutzikade schützen sich vor Fressfeinden und Austrocknung in einem von ihnen ausgeschiedenen Schaum. Aus diesem schlüpfen dann die erwachsenen, etwa 1 cm großen adulten Tiere. Diese schrecken Fressfeinde durch ein stinkendes Gift ab, das sie aus der Fußspitze ausscheiden, sowie durch die rot-schwarze Warnfarbe. Außerdem können sie sich durch dezimeterweite Sprünge in Sicherheit bringen, was bei vielen Zikaden-Arten leicht zu beobachten ist.

Die Möhrenpflanze steht im Zentrum mehrerer positiver Beziehungen

Anhand der folgenden Förderungskonstellation um die Wilde Möhre (Karotte, Rüebli) werden zahlreiche positive Beziehungen dargestellt, die auch bei anderen hochwachsenden Kräutern eine Rolle spielen.

Kuckucksspucke mit Larven der Gewöhnlichen Blutzikade und die ausgewachsenen Tierchen mit der Warnfarbe Schwarz-Rot

Förderungskonstellation um die Wilde Möhre und andere Doldenblütler

Was ist der dunkle Punkt im Möhren-Blütenstand?

Der auffallende dunkle Punkt in der Mitte des schirmförmigen Blütenstandes mancher Möhrenpflanzen wird von diesen selbst gebildet. Er wird als Scheininsekt bezeichnet und dient gemäß neueren Untersuchungen der Verminderung des Parasitenbefalls durch die recht seltene Möhren-Gallmücke. Der dunkle Punkt täuscht vor, dass der Blütenstand schon besetzt ist. Für ein vorbeifliegendes Gallmücken-Weibchen ist es also nicht «sinnvoll», seine Eier in eine vermeintlich bereits besetzte Blüte zu legen; ihre später geschlüpften Larven würden auf ältere Nahrungskonkurrentinnen treffen. Für die Möhre liegt eine einseitig positive Beziehung vor, indem ein Abfressen ihres Blütenstandes durch Gallmücken-Larven vermieden wird. Täuscht eine Art eine andere Art zum eigenen Vorteil, so wird dies als Mimikry bezeichnet.

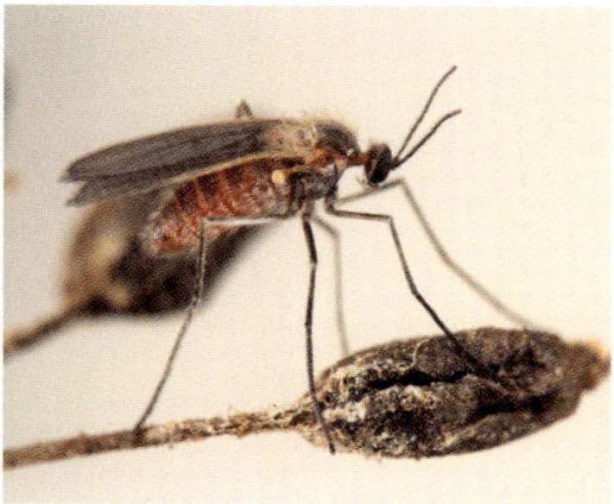

Der schwarze Punkt im Möhren-Blütenstand täuscht dem Weibchen der Möhren-Gallmücke vor, dass der Blütenstand bereits von Eiern oder Larven einer Möhren-Gallmücke besetzt ist.

Wieso kann man die kleinen rot-schwarzen Schmetterlinge von Hand fangen?

Blutströpfchen (Zygänen) bestäuben im Sommer ganz verschiedene Blüten. Wegen der Form der Fühler werden sie auch Widderchen genannt. Die rot-schwarze Färbung bedeutet hier wie für die meisten Fressfeinde «ungenießbar» oder «Gefahr»; dasselbe gilt für Gelb-Schwarz. Die Raupen vieler Blutströpfchen-Arten fressen v. a. die Sprosse des Gewöhnlichen Hornklees und nehmen dabei ein Gift auf, das dann auch im Schmetterling enthalten ist. Beißt nun ein Vogel auf eine solche Zygäne (oder deren schwarz-gelbe Raupe), so scheidet sie einen gelben, stinkigen und giftigen Tropfen aus. Der Vogel lernt, diese Tierchen zu meiden. Die Zygäne kann es sich deshalb «leisten», so langsam zu fliegen, dass man sie von Hand fangen kann.

Raupe des Sechspunkt-Blutströpfchens. Die Falter können leicht von Hand gefangen werden.

Die Raupen bestimmter anderer Blutströpfchen-Arten ernähren sich von den ungiftigen Pflanzen Rot-Klee oder Feld-Thymian. Sie sind aber trotzdem vor Vogelfraß geschützt, weil sie ähnlich aussehen wie die giftigen Arten, was man als Schutzmimikry bezeichnet.

Schlafstättenblumen

Schaut man früh morgens in die Blüten von Hahnenfuß-Arten (Scharfer, Knolliger oder Kriechender Hahnenfuß) oder von verschiedenen Glockenblumen, so kann man manchmal in ihnen kleine schlafende Insekten finden, etwa Hahnenfuß-Scherenbienen. Auch bei schlechtem Wetter suchen bestimmte Insekten Schutz im Inneren von Blüten. Oft kommt es dabei wohl auch zur Bestäubung: Es liegen also mehrere positive zwischenartliche Beziehungen vor.

In den Blüten von Hahnenfuß-Arten kann man früh morgens kleine schlafende Insekten finden: Schlafstättenblumen.

Erdhummeln profitieren von verlassenen Mäuselöchern

In lockeren oder gemähten Magerwiesen kann dies im Frühling und Sommer leicht beobachtet werden. Bei der Erdhummel und einigen anderen Hummelarten überwintert die befruchtete Königin meist in einem bis 1,5 m tiefen verlassenen Mäuseloch, eine für die Hummel einseitig positive Beziehung zur Maus. In deren Loch entwickelt sich dann das Hummelvolk, das 100–600 Individuen umfassen kann.

Die Erdhummel baut ihr Nest oft in einem Mäuseloch.

Wie Feldmäuse «Pflanzenbau» betreiben

Im Sommer ist die Grundfarbe der Magerwiesen hellgrün; deshalb fallen auf ihr in manchen Jahren dunkelgrüne, üppige, bis 1 m^2 große Stellen auf. Schiebt man an diesen die Pflanzen zur Seite, so sieht man Eingänge zu den unterirdischen Bauen der Feldmaus. Die dunkelgrüne Stelle rechts auf dem unten stehenden Foto rührt vom Harn und vom Kot her, den die Feldmäuse direkt neben ihren Baueingängen deponieren. Die zusätzlichen Nährstoffe fördern neben anderen Pflanzenarten v. a. das Wachstum des Gewöhnlichen Knäuelgrases und des Wiesen-Schwingels. Diese Grasarten sind eine von den Mäusen bevorzugte Nahrung. Man kann also sagen, dass die Mäuse wichtige Nahrungspflanzen selbst fördern, sie also «Pflanzenbau» betreiben (siehe auch Gigon & Leutert, 2003).

Man kann sagen, dass die Feldmäuse «Pflanzenbau» betreiben.

Aufwachsen von Pflanzen auf Mäuse- und Viehspuren

Auf den kahlen Mäuse- und Maulwurfhaufen herrschen günstige Bedingungen für das Aufwachsen von Jungpflanzen, weil dort die Konkurrenz durch Nachbarpflanzen eine Zeit lang fehlt. Dies gilt auch für die komplexen Spuren von Feld- und anderen Mäusen, die nach dem Winter zu sehen sind. Sie rühren daher, dass diese Tierchen ihre Gänge unter dem Schnee nach oben mit Erde auskleiden. Auch die Trittspuren des Viehs in feuchtem Boden sind eine Zeit lang kahl und ermöglichen so Jungpflanzen ein konkurrenzarmes Aufwachsen. Es liegen also verschiedene positive Wirkungen der Tiere für das Aufkommen von Pflanzen vor.

Von Mäusen im Winter mit Erde ausgekleidete Gänge, die im Frühling zum Vorschein kommen.

Viehtrittspuren in feuchtem Boden

7.6 Gesamtüberblick

Die folgenden Tabellen zeigen, dass in Magerwiesen insgesamt über 100 Symbiosen zwischen den 44 aufgelisteten typischen Pflanzenarten sowie Tier- und Wurzelpilz-Arten sowie Knöllchenbakterien vorkommen. Außerdem bestehen über 70 einseitig positive Beziehungen zwischen den genannten Pflanzenarten und verschiedenen Tierarten. All dies verdeutlicht die große Bedeutung der Symbiosen und der positiven Beziehungen für das Funktionieren des ganzen Ökosystems.

Typische Pflanzen trockener Magerwiesen und ihre **Symbiosen** sowie für andere Arten positive Beziehungen, abhängig von der Größe der Pflanzen Nach Angaben in Delarze et al. (2015), Landolt et al. (2010), Wang & Qiu (2006) +A: Ausbreitung durch Ameisen In Klammern: wenig ausgeprägt/selten	Bestäubung durch Insekten	Samenausbreitung durch Tiere	Wurzelpilz-Symbiose, Mykorrhiza	Stütze für Nester, Kokons, Spinnennetze	Versteck für kleine Tiere, Tarnung	Tote Pflanzen = Nahrung für Abbauorganismen
Aufrechte Trespe, *Bromus erectus*		+A	+	+	+	+
Fieder-Zwenke, *Brachypodium pinnatum*		(+)	+	+	+	+
Gew. Ruchgras, *Anthoxanthum odoratum*		(+)	+	(+)		+
Mittleres Zittergras, *Briza media*		(+)	+	+		+
Echter Schaf-Schwingel, *Festuca ovina*		(+)	+	+	+	+
Pyramiden-Schillergras, *Koeleria pyramidata*		+	+	+		+
Frühlings-Segge, *Carex caryophyllea*		+A				+
Berg-Segge, *Carex montana*		+A			(+)	+
Pyramiden-Hundswurz, *Anacamptis pyr.*	+		+			+
Fliegen-Ragwurz, *Ophrys insectifera*	+		+			+
Kleines Knabenkraut, *Orchis morio*	+		+			+
Mücken-Händelwurz, *Gymnadenia con.*	+		+			+
Wiesen-Salbei, *Salvia pratensis*	+	(+)	+	+	+	+
Kleiner Wiesenknopf, *Sanguisorba minor*			+	+	(+)	+
Tauben-Skabiose, *Scabiosa columbaria*	+	+	+	+	(+)	+
Wilde Möhre, *Daucus carota*	+	+	+	+	+	+
Knolliger Hahnenfuß, *Ranunculus bulbosus*	+		+	+		+
Magerwiesen-Margerite, *Leucanth. vulg.*	+	(+)	+	+		+
Weidenblättriges Ochsenauge, *Buphth. sal.*	+	(+)	+?	+		+
Skabiosen-Flockenblume, *Centaurea scab.*	+	+A	+	+	+	+
Knäuel-Glockenblume, *Campanula glom.*	+	(+)	+		+	+
Kartäuser-Nelke, *Dianthus carthusianorum*	+		+			+
Echtes Labkraut, *Galium verum*	+	+A	+		+	+
Kleine Bibernelle, *Pimpinella saxifraga*	+	(+)	+			+
Zottiger Klappertopf, *Rhinanthus alect.*	+		?			+
Gew. Sommerwurz, *Orobanche car.*	+					+
Warzen-Wolfsmilch, *Euphorbia verrucosa*	+	+A	+?			+
Nickendes Leimkraut, *Silene nutans*	+	(+)	+?			+
Echte Schlüsselblume, *Primula veris*	+	(+)	+		(+)	+
Frühlings-Fingerkraut, *Potentilla verna*	+	+A	+?			+
Mittlerer Wegerich, *Plantago media*	+	(+)	+			+
Rauhaarige Gänsekresse, *Arabis hirsuta*	+	(+)				+
Silberdistel, *Carlina acaulis*	+	+	+?		(+)	+
Hügel-Meier, *Asperula cynanchica*	+	+A	+			+
Gew. Sonnenröschen, *Helianthemum n.*	+	+	+			+
Gew. Thymian, *Thymus pulegioides*	+	+A	+		(+)	+

Typische Pflanzen trockener Magerwiesen und ihre **Symbiosen** sowie für andere Arten positive Beziehungen, abhängig von der Größe der Pflanzen Nach Angaben in Delarze et al. (2015), Landolt et al. (2010), Wang & Qiu (2006) **BNF: biol. Stickstofffixierung** mit Bakterien +A: Ausbreitung durch Ameisen In Klammern: wenig ausgeprägt/selten		Bestäubung durch Insekten	Samenausbreitung durch Tiere	Wurzelpilz-Symbiose, Mykorrhiza	Stütze für Nester, Kokons, Spinnennetze	Versteck für kleine Tiere, Tarnung	Tote Pflanzen = Nahrung für Abbauorganismen
Gew. Hornklee, *Lotus corn.*	BNF+	+	+A	+			+
Echter Wundklee, *Anthyllis vuln.*	BNF+	+	(+)	+		(+)	+
Gew. Hufeisenklee, *Hippocrepis c.*	BNF+	+	(+)	+		(+)	+
Hopfenklee, *Medicago lupulina*	BNF+	+		+			+
Berg-Klee, *Trifolium montanum*	BNF+	+	(+)	+?			+
Saat-Esparsette, *Onobrychis vic.*	BNF+	+	+	+	+	(+)	+
Kriechender Hauhechel, *Ononis r.*	BNF+	+		+	+	(+)	+

In der nebenstehenden Synthesezeichnung sind 17 der insgesamt rund 1300 Pflanzen-, Tier- und Pilzarten dargestellt, die auf einer homogenen, ca. 20 Ar großen Magerwiese leben oder dort Nahrung suchen. Von den über 40 auf einer solchen Wiese vorkommenden Typen von Symbiosen und positiven Beziehungen werden nur 16 präsentiert. Manche Beziehungen können kaum beobachtet werden, da sie nur selten vorkommen. Insgesamt fällt auf, wie viele Symbiosen und positive Beziehungen im Magerwiesen-Ökosystem vorkommen.

Symbiosen und andere positive Beziehungen in Magerwiesen

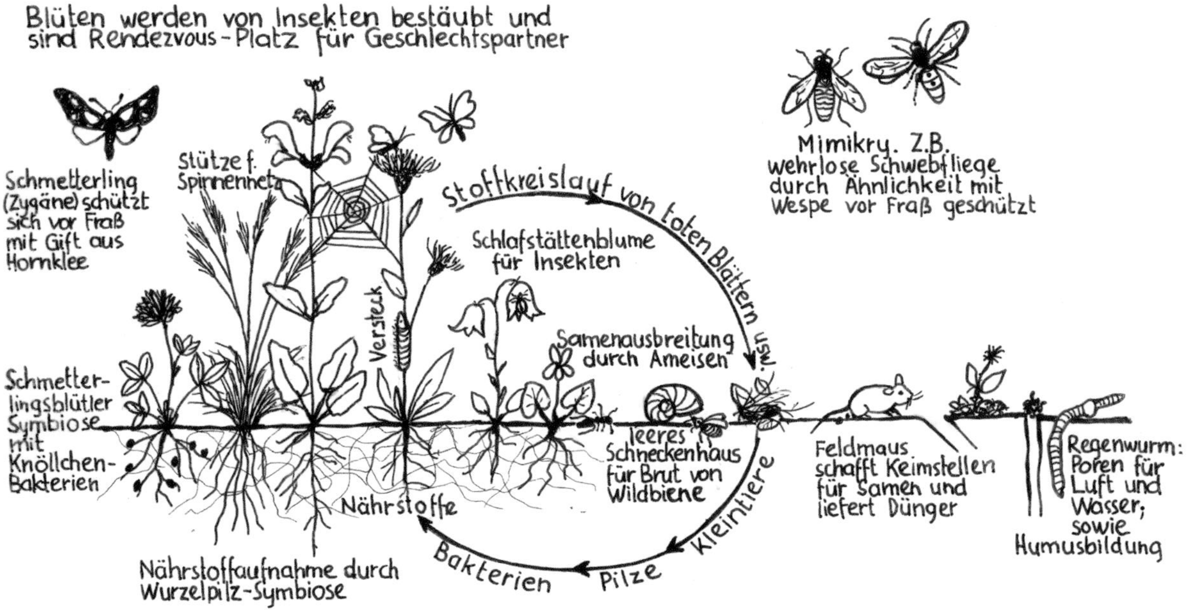

8 Feuchtwiese (Ried)

Eine Feuchtwiese, hier eine Pfeifengras-Streuwiese mit dem namengebenden Blauen Pfeifengras und der seltenen einheimischen Sibirischen Schwertlilie

Feuchtwiesen und Riede kommen in feuchten Mulden und an Abhängen mit Hangwasser sowie an See- und Flussufern vor. In der Naturvegetation gedeihen die Riede an Standorten, die zu nass für Baum- und Straucharten sind; spezielle Typen kommen in der alpinen Höhenstufe vor. Sie stocken auf Mineralboden mit einer meist nur geringen Auflage von Torf aus Seggen und anderen Pflanzen. Zum Teil werden die Feuchtwiesen und Riede auch als Nieder- bzw. Flachmoore bezeichnet, weil ihre Oberfläche im Gegensatz zu jener der Hochmoore nicht höher liegt als die unmittelbare Umgebung. Einige in den Hochmooren vorkommende Symbiosen werden im Buch von Gigon (2021) beschrieben.

Als Feuchtwiesen werden auch verschiedene Ökosysteme bezeichnet, die vom Flachland bis in die subalpine Höhenstufe nach der Rodung des ursprünglich vorhandenen Waldes oder entsprechender Strauchvegetation durch anschließende jahrzehnte- bis jahrhundertelange Beweidung bzw. Mahd entstanden sind. Von den verschiedenen Typen von Feuchtwiesen wird im Folgenden v. a. die Pfeifengras-Streuwiese thematisiert. Dieser Wiesentyp wird nicht gedüngt und einmal jährlich im Spätsommer oder Herbst zur Produktion von Einstreu für das Vieh gemäht. Zum Zeitpunkt der Mahd haben die Pflanzen die in den oberirdischen Teilen vorhandenen Nährstoffe, v. a. die Stickstoffverbindungen, bereits in ihre Wurzeln zurückgezogen, von wo sie dann im Folgejahr wieder zum Aufbau der neuen Sprosse eingesetzt werden. Mit der herbstlichen Streunutzung erfolgt also nur ein sehr geringer Nährstoffexport. Dieser wird v. a. durch die Nährstoffe in den Niederschlägen wettgemacht, sodass die beschriebene Nutzung nachhaltig ist.

Eine der bestandbildenden Arten ist das bis 1 m hohe Blaue Pfeifengras – Pfeifengras, weil die knotenlosen Halme zur Reinigung von Tabakpfeifen verwendet wurden. Viele weitere Gras-, Seggen- und Binsen-Arten sowie zahlreiche Arten mit farbigen Blüten bilden die recht große Artengarnitur dieser Pflanzengesellschaft. In ihr kommen auch viele verschiedene Arten von Kleintieren, insbesondere Insekten und Spinnen vor. Die meisten Pfeifengras-Streuwiesen stehen wegen ihres großen Artenreichtums und weil es wegen Düngung, Nährstoffeinschwemmung oder fehlender Mahd immer weniger von ihnen gibt, heute unter Naturschutz. Charakteristische Blütenpflanzen sind in der Fotogalerie unten sowie im nun folgenden Kapitel abgebildet.

Typische, von Insekten bestäubte Pflanzenarten der Pfeifengras-Streuwiese sowie einige auf ihr vorkommende unerwünschte Nährstoffzeiger* (von links nach rechts und von oben nach unten in der Reihenfolge des Aufblühens): Kuckucks-Lichtnelke, Echtes Labkraut, Echtes Mädesüß (Spierstaude)*, Gewöhnlicher Gilbweiderich*, Weidenblättriger Alant mit Steinhummel, Sumpf-Kratzdistel* mit Bestäubern, Lungen-Enzian, Echte Betonie (Heil-Ziest), Abbisskraut mit Großer Sumpfschwebfliege, Herbst-Zeitlose

8.1 Blütenbestäubung durch Insekten

Diese bekannte Symbiose (vgl. Kap. 2.1) ist auf Pfeifengras-Streuwiesen leicht und bei zahlreichen Arten zu beobachten. Einige in diesen Wiesen vorkommende Orchideen werden erst im übernächsten Abschnitt präsentiert, weitere Arten in Kap. 8.2 über die Samenausbreitung.

Die Blüte des Sumpf-Herzblattes täuscht ihre Bestäuber erfolgreich.

Die attraktive Täuschung in der Blüte des Sumpf-Herzblattes

Das 5–30 cm Höhe erreichende Sumpf-Herzblatt (Studentenröschen) ist in Feuchtgebieten weit verbreitet. In der Blüte fallen die hellen Staubfäden zwischen den Blütenblättern kaum auf, ganz im Gegensatz zu den vielen winzigen, gelben Kügelchen. Es sind diese, die durch ihre gelbe und UV-Farbe sowie durch ihren Glanz Fliegen als Bestäuber anlocken. Die erwähnten Kügelchen sind jedoch hart und enthalten weder Pollen noch Nektar. Eine solche Täuschung wird als Mimikry bezeichnet.

Der spezielle Bestäubungsmechanismus vieler Orchideenblüten

Bei den folgenden vier Orchideen-Arten kommt der bereits in Kap. 7.1 beschriebene Bestäubungstyp ebenfalls vor, bei welchem Pollenpakete (Pollinien) am Kopf oder an anderen Stellen der Insekten kleben bleiben. Das Kleine Knabenkraut blüht bereits ab April, also vor den meisten anderen Arten. Etwas später folgt die Fleischrote Fingerwurz. Beide Arten produzieren keinen Nektar. Sie bieten also den Bestäubern diese Nahrung nicht an, werden aber trotzdem angeflogen und bestäubt! Da fragt man sich, wieso Insekten überhaupt solche Blüten besuchen. Es mag eine Rolle spielen, dass die beiden Arten, wie bereits erwähnt, früh im Jahr blühen; denn dann haben die gerade erst geschlüpften Bestäuber noch nicht gelernt, dass bei diesen Blüten kein Nektar zu holen ist. Außerdem sind beim Kleinen Knabenkraut sowohl die Form der Blütenstände (schlank bis walzenförmig) als auch die Blütenfarben sehr variabel. So können die Bestäuber nicht lernen, dass es sich bei diesen Blüten nicht lohnt, nach Nektar zu suchen. Zudem gibt es eine breite Palette von Duftstoffen, welche die Bestäuber verwirren können. Und sie treffen immer wieder auf nektarführende Blüten anderer Arten, die aber bereits besucht worden waren und deshalb ebenfalls nektarlos sind. Insgesamt kann man sagen, dass bei den Bestäubern eine gewisse «Frustrationstoleranz» wichtig ist.

Nektar produzieren die weit verbreitete Mücken-Händelwurz (Handwurz) und die Sumpf-Stendelwurz. Bei der Mücken-Händelwurz kann man im Gegenlicht den Nektar im langen Sporn sogar sehen. Sein Eingang ist nur etwa 1 mm breit, sodass nur Insekten mit einem langen, schmalen Rüssel den Nektar erreichen können; das sind insbesondere Schmetterlinge. Bei der Sumpf-Stendelwurz (Weiße Sumpfwurz), die ab Juni blüht, erkennt man v. a. in der Detailaufnahme (rechts oben), dass der Zugang zum Nektar deutlich größer ist. Auch befindet sich der Nektar nicht in einem langen Sporn; die Blüten werden deshalb insbesondere von Bienen, Fliegen und Grabwespen bestäubt.

Oben: Kleine Orchis und Fleischrote Fingerwurz, zwei Nektartäuschblumen. Unten: Die Mücken-Händelwurz mit Sechsfleck-Widderchen und die Sumpf-Stendelwurz (oben rechts Einzelblüte mit gelben Pollenpaketen) haben Nektar.

Blüten als Rendezvous-Plätze

Bereits von Weitem kann man manchmal sehen, wie auf der Pfeifengras-Streuwiese mehrere Individuen der gleichen Insektenart auf einer Blüte sitzen, wie die Aufnahme zeigt.

Der Blütenstand der Echten Betonie dient hier als Rendezvous-Platz für Männchen und Weibchen von Widderchen (Blutströpfchen), was zur Paarung und Nachkommen sowie zur Blütenbestäubung führen kann.

8.2 Samenausbreitung durch Tiere

Diese bereits in Kap. 2.2 beschriebene Symbiose spielt auf Feuchtwiesen keine große Rolle, da sie kaum von größeren Tieren durchstreift und heutzutage nur noch selten vom Vieh beweidet werden. Auch die spezielle Samenausbreitung durch Ameisen ist selten. Sie kommt aber z. B. bei der Wiesen-Flockenblume, der Blutwurz (Tormentill) und der Herbst-Zeitlose sowie bei verschiedenen Veilchen-Arten vor.

Die Samen der Blutwurz (Tormentill) werden u. a. durch Ameisen ausgebreitet.

8.3 Abbau von abgestorbenem pflanzlichem und tierischem Material

Dieser kann, wie in Kap. 2.6 dargelegt, z. T. als Abfolge positiver Beziehungen aufgefasst werden und trägt zum Kreislauf der Nährstoffe bei. Der Boden der Pfeifengras-Streuwiese ist im Jahreslauf ab und zu bis an die Oberfläche durchnässt; dann fehlt der Sauerstoff, den viele Abbauorganismen zum Leben brauchen. Deshalb sammelt sich im Laufe der Zeit unvollständig abgebautes pflanzliches Material als sogenannter Seggentorf direkt unter der Bodenoberfläche an.

8.4 Weitere häufige Symbiosen und positive Beziehungen

Einige bereits präsentierte sowie weitere Symbiosen, die auf Feuchtwiesen vorkommen, sind in der Förderungskonstellation um das Abbisskraut (Teufelsabbiss) sowie in der Synthesezeichnung am Ende des Kapitels zusammengestellt. Weiter sei darauf hingewiesen, dass die in Kap. 2.3 detailliert beschriebene Symbiose zwischen Pflanzen und Wurzelpilzen (Mykorrhiza) auch bei fast allen Pflanzenarten der Feuchtwiesen vorkommt. Die Symbiose zwischen Pflanzen und stickstofffixierenden Bakterien (siehe Kap. 2.4) spielt auf Feuchtwiesen keine große Rolle; sie kommt bei Sumpf-Hornklee und Vogel-Wicke vor. Letztere und die Echte Zaunwinde klettern auf hohe Pflanzenstängel und profitieren dort von größerer Sonnenstrahlung für die Fotosynthese.

Echte Zaunwinde und Vogel-Wicke klettern auf verschiedene hohe Pflanzen, was für sie mehrere Vorteile hat.

Pflanzenstängel als Stütze für Spinnennetze, Waben und Kokons

Oft zeigt sich, dass hohe Pflanzenstängel und -halme für Spinnen und Insekten als Stütze in mehrfacher Hinsicht wichtig sind. Deshalb ist bei der Bewirtschaftung darauf zu achten, dass auf Feuchtwiesen immer auch Flächen nicht gemäht werden, also hohe Vegetation stehen gelassen wird. Dafür sind sogenannte Ried-Rotationsbrachen besonders geeignet.

Hohe Pflanzenstängel und -halme ermöglichen es z. B. der Wespenspinne, ihr Netz aufzuspannen, was als positiver Effekt der Pflanzen interpretiert werden kann.

Graureiher sucht Nahrung auf einer vor Kurzem gemähten Wiese.

Pflanzen als Versteck und Tarnung für Insekten, Spinnen und andere Kleintiere

Es ist eine Trivialität, dass die Pflanzendecke vielen Kleintieren als Versteck dient: Es liegt also eine für diese Tiere einseitig positive Beziehung vor. Wie wichtig diese ist, sieht man indirekt nach der Mahd: Rasch finden sich dann Graureiher, Störche, Rabenkrähen und andere Vögel ein, um die nun ungeschützten Insekten, Spinnen, Regenwürmer, Molche, Frösche, Feldmäuse und andere Kleintiere sowie auch Samen aufzupicken und zu fressen. Diese Vögel haben offenbar gelernt, dass ihnen die Mahd mannigfache Nahrung zugänglich macht.

Bestimmte Tierarten können wegen ihrer Färbung und Form kaum von der umgebenden Vegetation unterschieden werden. Es liegt eine passive Tarnung bzw. Mimese vor. Sie erschwert den Fressfeinden, die Beute zu finden.

Die Sumpfschrecke und das Große Ochsenauge sind dank ihrer Färbung auf Feuchtwiesen gut getarnt und so vor Fressfeinden einigermaßen geschützt.

Förderungskonstellation um das Abbisskraut

Die folgende Zusammenstellung zeigt verschiedene der oben beschriebenen sowie weitere Symbiosen und positive Beziehungen, die um das Abbisskraut (Teufelsabbiss) vorkommen. Dies ist eine häufige, im Spätsommer blühende Feuchtgebietspflanze.

Förderungskonstellation um das **Abbisskraut**
(verändert nach Wildermuth, 2022)

Bestäubung, Pollen und Nektar,
z. B. Honigbiene,
Furchenbiene, Acker-Hummel,
Große Sumpfschwebfliege

Bestäubung, Nektar,
z. B. Großes Ochsenauge

Wurzelpilz-Symbiose
(Mykorrhiza)

Stoffkreisläufe und Humusbildung,
z. B. Springschwänze, Kleintiere,
Pilze und Bakterien

Ansitzwarte für Beuteflüge,
z. B. Frühe Heidelibelle

Verankerung von Netz; Schlupfwinkel, z. B. Vierfleck-Kreuzspinne

Versteck, Verankerung von Netz,
z. B. Labyrinth-Spinne

8.5 Gesamtüberblick

In der folgenden Synthesezeichnung sind 20 Pflanzen- und Tierarten und 17 verschiedene Typen von Symbiosen und einseitig positiven zwischenartlichen Beziehungen dargestellt. Damit erfasst ist nur ein winziger Teil der auf einer homogenen Pfeifengras-Streuwiese von 0,5–1 ha Größe vorkommenden Arten: etwa 100 Pflanzenarten (inkl. Moose), etwa 600 Tierarten (v. a. Insekten) und etwa 200 Pilzarten inkl. Boden- und andere Abbaupilze sowie zahllose Bakterienarten und andere Mikroorganismen.

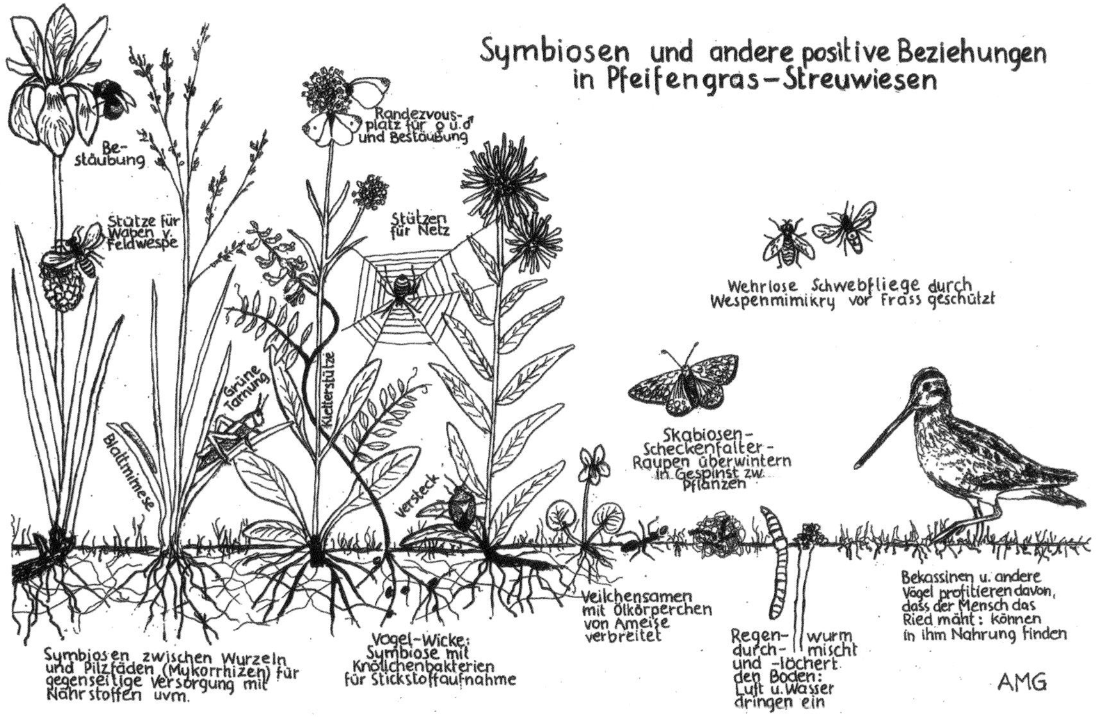
Symbiosen und andere positive Beziehungen
in Pfeifengras–Streuwiesen
Be-
stäubung
Stütze für
Waben v.
Feldwespe
Randezvous-
platz für ♀ u. ♂
und Bestäubung
Stützen
für Netz
Grüne
Tarnung
Kletterstütze
Blattmimese
Versteck
Wehrlose Schwebfliege durch
Wespenmimikry vor Frass geschützt
Skabiosen-
Scheckenfalter-
Raupen überwintern
in Gespinst zw.
Pflanzen
Symbiosen zwischen Wurzeln
und Pilzfäden (Mykorrhizen) für
gegenseitige Versorgung mit
Nährstoffen uvm.
Vogel-Wicke:
Symbiose mit
Knöllchenbakterien
für Stickstoffaufnahme
Veilchensamen
mit Ölkörperchen
von Ameise
verbreitet
Regen- wurm
durch- mischt
und -löchert
den Boden:
Luft u. Wasser
dringen ein
Bekassinen u. andere
Vögel profitieren davon,
dass der Mensch das
Ried mäht: können
in ihm Nahrung finden
AMG

9 Alpine Rasen

Im oberen Teil des Bildes eine Blaugras-Halde auf Karbonatboden (basisch) mit natürlichen Treppen, im unteren Teil homogener Borstgras-Rasen auf Silikatboden (sauer) in der alpinen Höhenstufe bei Davos. An der Grenze: blühende Herzblättrige Kugelblume.

Als alpine Rasen werden die in Gebirgen großflächig vorkommenden Weiden und ähnliche Pflanzengesellschaften oberhalb der Waldgrenze bezeichnet. Diese Grenze verläuft heute wegen der im Verlauf von vielen Jahrhunderten erfolgten Rodung des Waldes und v. a. wegen der Beweidung mit Nutztieren meist einige Hundert Meter tiefer als die natürliche, klimatisch bedingte Waldgrenze. Diese Rasen kommen also nicht nur in der alpinen, sondern auch in der subalpinen Höhenstufe vor, an speziellen Standorten sogar in der montanen und sehr selten sogar in der kollinen Stufe. Natürlicherweise wurden und werden sie von Hirsch, Reh, Gämse und Steinbock sowie von Murmeltier und weiteren Kleintieren genutzt, seit Jahrhunderten jedoch v. a. von Rindern und Schafen. Je nach Boden, Höhenlage, Relief und Bewirtschaftung kommen ganz verschiedene Typen von alpinen Rasen vor.

Praktisch alle bei den Magerwiesen und -weiden beschriebenen Symbiosen und positiven Beziehungen kommen auch in den alpinen Rasen vor, jedoch natürlich mit anderen Pflanzen-, Tier- und Pilzarten. Das über Magerwiesen und -weiden sowie z. T. auch über Düngewiesen Gesagte (Kap. 7 bzw. 6) kann somit als Grundlage für das Beobachten von Sym-

Der Borstgras-Rasen ist auf sauren Böden in der subalpinen und der alpinen Höhenstufe weit verbreitet. Im Vordergrund: Echte Arnika und Bärtige Glockenblume; dahinter die gelben Blütenköpfchen von Löwenzahn-Arten und die borstenförmigen Blätter des Borstgrases.

biosen in diesen Rasen dienen. Dies gilt z. B. für die Nutzung von Pflanzen als Versteck und Tarnung für Tiere sowie als Stütze für Spinnennetze oder die Verwendung von pflanzlichem Material für den Nestbau.

Im Folgenden wird nur auf zwei charakteristische und häufige Typen von alpinen Rasen eingegangen, auf den Borstgras-Rasen und auf die Blaugras-Halde. Die Übersichtsfotos und die Galerien von attraktiven, insektenbestäubten Blüten und Blütenständen charakterisieren diese Typen gut und erlauben es, sie im Feld zu erkennen.

9.1 Alpine Rasen auf saurem Silikatboden: Borstgras-Rasen

Das Muttergestein der Bodenbildung dieser Rasen ist meist Granit oder Gneis, was zu sauren Böden führt. Diese Gesteine kommen v. a. in den inneren Ketten der Zentralalpen vor. Der recht homogene Bestand bedeckt den Boden meist zu fast 100 %. Manchmal kann man sogenannte Weidetreppen beobachten, die im Verlauf von Jahrzehnten durch den Viehtritt entstanden sind.

Von Insekten bestäubte Arten des Borstgras-Rasens

Einige häufige Arten dieser Gruppe sind in der folgenden Fotogalerie zusammengestellt; dazu kommen noch die insektenbestäubten Schmetterlingsblütler (Fabaceae) des Kap. 9.3.

Blütenpflanzen mit Insektenbestäubung (Symbiose) in alpinen Rasen auf sauren Böden, insbesondere Borstgras-Rasen (von links nach rechts und von oben nach unten in der Reihenfolge des Aufblühens): Gelbe Alpen-Kuhschelle (Schwefel-Anemone), Berg-Nelkenwurz, Kochs oder Stängelloser Enzian (Silikat-Glocken-Enzian), Weiße Höswurz (Weißzunge), Gewöhnliches Katzenpfötchen, Gold-Fingerkraut, Tüpfel- Enzian, Pyramiden-Günsel, Schweizer Löwenzahn (*Leontodon pyrenaicus* subsp. *helveticus*, Milchkraut) mit Käfer, Spinnweb-Hauswurz, Bärtige Glockenblume, Purpur-Enzian

9.2 Alpine Rasen auf basischem (kalkreichem) Boden: Blaugras-Halde

Die Blaugras-Halde findet sich v. a. an Südost bis Südwest geneigten steilen Berghängen in der alpinen Höhenstufe. Das Muttergestein der Bodenbildung ist meist Kalkstein oder Dolomit, was zu basischen Böden führt. Diese Gesteine kommen v. a. in den nördlichen und südlichen Randketten der Alpen vor.

In dieser treppigen Blaugras-Halde sind zu sehen: Kalk-Blaugras, Schnee-Heide (Erika, violett) und Buchs-Kreuzblume (gelb-weiß).

Charakteristisch für die steilen Blaugras-Halden ist die Treppenstruktur; man spricht auch von Girlandenrasen. Diese Struktur kommt nicht durch den Tritt des Viehs zustande, sondern durch ein komplexes Zusammenwirken von Verwitterung, Frostwirkungen, Bodenbewegungen und Pflanzenwachstum. Die flachen Teile der Stufen haben paradoxerweise einen viel geringeren Pflanzenbewuchs als die steilen Stirnflächen, sind aber wie der ganze Boden intensiv durchwurzelt (siehe Gigon, 1971).

Von Insekten bestäubte Arten der Blaugras-Halde

Die folgende Fotogalerie zeigt häufige Arten dieser Gruppe; jene in Kap. 9.3 zusätzlich mehrere insektenbestäubte Schmetterlingsblütler.

Blütenpflanzen mit Insektenbestäubung (Symbiose) in alpinen Rasen auf kalkreichem (basischem) Boden, insbesondere in der Blaugras-Halde (von links nach rechts und von oben nach unten in der Reihenfolge des Aufblühens): Glattes Brillenschötchen, Clusius-Enzian (Kalk-Glocken-Enzian), Kugelige Teufelskralle (Rundköpfige Rapunzel), Stängelloses Leimkraut mit Kleinem Fuchs, Alpen-Sonnenröschen, Weiße Silberwurz, Quirlblättriges Läusekraut, Alpen-Distel mit Baumweißling, Alpen-Aster mit Alpen-Wiesenvögelchen, Gämswurz-Greiskraut, Glänzende Skabiose, Silberdistel mit Silbergrünem Bläuling

Das Schwarze Kohlröschen (Männertreu) und weitere Orchideen-Arten

Die Orchideen haben verschiedene spezielle Bestäubungsmechanismen, die bereits in Kap. 7.1 ausführlich dokumentiert worden sind. In den alpinen Rasen kommen insgesamt etwa zehn Orchideen-Arten vor. Auffallend ist das Schwarze Kohlröschen (Männertreu, Bränderli), das auf saurem wie auch auf basischem Boden vorkommt. Sein starker Duft erinnert an die tropisch-mittelamerikanische Vanille, ebenfalls eine Orchideen-Art. Auch die Wohlriechende Händelwurz verbreitet einen starken, vanilleähnlichen Duft. Wegen ihres langen Sporns sind Schmetterlinge mit ihren langen Rüsseln die Hauptbestäuber.

Zwei Orchideen, deren Duft an Vanille erinnert: Schwarzes Kohlröschen (Männertreu) und Wohlriechende Händelwurz mit Zünsler, an dessen Rüssel zwei gelbliche Pollenpakete haften. Beim Besuch einer nächsten Händelwurz-Blüte wird an deren Narbe Pollen abgestreift, was schließlich zur Samenbildung führen kann.

Das Alpen-Edelweiß täuscht mit seinem Kranz aus pelzigen weißen Hochblättern eine große Blüte vor und lockt so Bestäuber an.

Die Edelweißblüte mit ihrer erfolgreichen Täuschung

Beim Alpen-Edelweiß täuscht der weiße Kranz von Hochblättern um die gelb-grünen Blütenkörbchen eine «normale» Blüte mit recht großen, schon aus einiger Distanz auffallenden Kronblättern vor: Es ist eine sogenannte Scheinblüte. In der alpinen Umgebung kommen verschiedene Arten mit ähnlich großen weißen echten Blüten oder Blütenständen vor, z. B. bei bestimmten Hahnenfuß-Arten oder Korbblütlern (Asteraceae, Compositae). Die Insekten sind gewohnt, diese Blüten zu bestäuben und dann natürlich auch die Scheinblüten des Edelweiß. Diese Art profitiert also davon, dass ihre Scheinblüten ähnlich aussehen wie die echten Blüten anderer Alpenpflanzen, was als eine für das Edelweiß einseitig positive Beziehung interpretiert werden kann. Eine solche Täuschung kann evtl. als Mimikry bezeichnet werden.

9.3 Wie ist die seit Jahrhunderten stattfindende Produktion von Milch, Käse und Fleisch ohne Düngung möglich?

Seit Jahrhunderten werden jährlich mit der Milch, dem Käse sowie mit dem Fleisch, welches das Vieh während der Sömmerung angesetzt hat, namhafte Mengen an Kohlenhydraten, Fett und Eiweiß (Proteinen) aus den alpinen und subalpinen Rasen ins Tiefland weggeführt; es liegt somit ein Export von Nährstoffen vor. Damit dieser nachhaltig ist, muss es auch einen gleich großen Import geben. Die Produktion von Kohlenhydraten in den Rasen geschieht durch die Fotosynthese, für welche Kohlendioxid aus der Luft sowie Wasser aus dem Boden mehr oder weniger unbegrenzt zur Verfügung stehen. Ein Teil der Kohlenhydrate wird dann zur Synthese von Fettsäuren verwendet. Für die Produktion der Eiweiße wird Stickstoff benötigt. Woher kommt dieser? Nicht aus der Verwitterung des Muttergesteins der Bodenbildung, da dieses praktisch keine Stickstoffverbindungen enthält. Der Kot (Kuhfladen) und der Urin der Tiere tragen auf einer Weide *nicht* zum Import von Stickstoffverbindungen bei, weil diese Verbindungen vom Vieh selbst mit dem Fraß der Weidepflanzen aufgenommen werden. Eine geringe Menge von Stickstoffverbindungen gelangt mit den Niederschlägen auf den Boden und wird dann von den Pflanzen aufgenommen. Dadurch wird aber der erwähnte Export an Stickstoff in den Eiweißen nicht wettgemacht.

Die für das Ökosystem wichtigste Quelle von Stickstoffverbindungen ist die Symbiose der Schmetterlingsblütler (Fabaceae) mit stickstofffixierenden Bakterien (Rhizobien) in den Wurzelknöllchen (siehe Kap. 2.4 und 7.4). Solche Knöllchen haben auf sauren Böden u. a. der stark duftende Alpen-Klee und der Alpen-Hornklee, auf kalkhaltigen Böden u. a. die letztgenannte Art sowie der Alpen-Wundklee und der Berg-Spitzkiel. Sterben die Knöllchen und die knöllchentragenden Wurzeln ab, so gelangen deren Stickstoffverbindungen in den Boden und werden natürlich von benachbarten Pflanzen, die keinen Stickstoff fixieren können, aufgenommen und fördern so deren Wachstum: eine einseitig positive Beziehung. Eine weitere, allerdings geringe Stickstoffquelle ist die nicht symbiotische Stickstofffixierung durch frei lebende Bodenbakterien.

Alpen-Klee, Alpen-Wundklee und Alpen-Hornklee (links, rechts und unten) haben an den oberflächennahen Feinwurzeln 1–2 mm große, helle, runde oder ovale Knöllchen mit stickstofffixierenden Bakterien (hier am Beispiel des Wundklees).

9.4 Weitere häufige Symbiosen und positive Beziehungen

Rendezvous-Plätze für Männchen und Weibchen auf Blüten und an anderen Stellen

Blüten sind oft Rendezvous-Plätze für Männchen und Weibchen von Insekten, was dann zu Nachkommen führen kann. Oft findet auch eine Bestäubung statt. Beide Phänomene können als für die Insekten positive Beziehungen seitens der Pflanzen interpretiert werden. Auch andere Stellen, wie Kuhfladen und weitere Exkremente, Kadaver sowie Schlafstättenblumen (siehe unten) sind oft solche Rendezvous-Plätze.

Blüte der Skabiosen-Flockenblume als Rendez-vous-Platz für Sechsfleck-Widderchen

Schlafstättenblumen

Schaut man frühmorgens in Blüten von Rundblättrigen, von Scheuchzers oder anderen Glockenblumen, so sieht man dort recht oft kleine Fliegen, Wildbienen oder winzige Käfer. Sie haben dort geschützt die Nacht verbracht. Dabei findet wohl oft auch eine Bestäubung statt, evtl. auch eine Begattung.

Geschützt in dieser Glockenblume hat ein Insekt die Nacht verbracht: Schlafstättenblume.

Samenausbreitung durch Tiere

Diese geschieht u. a. durch Anhaftung an Weidetieren, Tierstreuer- sowie durch Verdauungsausbreitung. Diese kommt oft bei Gras- und Seggen-Arten sowie z. B. bei Schmetterlingsblütlern vor (z. B. Alpen-Klee und Alpen-Wundklee). Ein wichtiger Faktor für die Samenausbreitung in der alpinen Höhenstufe ist auch der Wind.

Fraßschutz durch stachlige Arten «für» deren Nachbarpflanzen

Stachlige Arten wie Alpen-Kratzdistel, Alpen-Distel und Silberdistel haben auf ihre Nachbarpflanzen eine positive Wirkung, indem Letztere dort vor dem Fraß durch Vieh, Schafe und Wild geschützt sind.

Scheuchzers Glockenblume kommt auf dieser Viehweide nur dort zum Blühen, wo sie durch die sehr stachlige Alpen-Kratzdistel vor Fraß geschützt ist.

Von Kuhfladen gehen viele positive Beziehungen aus

Kuhfladen haben eine große ökologische Bedeutung, welche ausführlich in Kap. 6.5 nachzulesen ist.

Flachwurzler profitieren an Steilhängen von Tiefwurzlern

Tiefwurzler wie die oben bereits abgebildeten Arten Borstgras, Alpen-Klee, Alpen-Wundklee, Glänzende Skabiose und Silberdistel halten die Bodenschichten bis zu über 1 m Tiefe zusammen und verhindern so die Erosion großenteils. Von dieser Bodenstabilisierung profitieren die oben ebenfalls bereits abgebildeten, niedrigwüchsigen Arten wie Kochs Enzian (Silikat-Glocken-Enzian, Stängelloser Enzian) auf saurem Boden und Clusius-Enzian (Kalk-Glocken-Enzian) auf karbonatreichem: eine für diese und weitere Flachwurzler einseitig positive Beziehung.

Flachwurzler wie Kleines (Langhaariges) Habichtskraut und Feld-Thymian (violett) profitieren davon, dass Tiefwurzler wie Borstgras den Boden bis zu 1 m Tiefe zusammenhalten und so die Erosion verhindern.

Gelbliche oder orange Flecken auf Steinblöcken und Felsen

Bei Flechten handelt es sich, wie in Kap. 2.5 dargelegt, um eine Dauersymbiose zwischen einer oder mehreren Pilzarten und Grünalgen oder Cyanobakterien. Dank dieser Symbiose können sie auch unter ganz extremen Bedingungen leben. Auf Hartkalk- oder Dolomitfelsen fallen sie an exponierten Stellen als gelbe oder orange Flecken auf.

Die Zierliche Gelbflechte profitiert vom nährstoffreichen Kot, den Alpendohlen und andere Vogelarten an exponierten Stellen deponieren. Für die Flechte liegt eine einseitig positive Beziehung vor.

Die Landkartenflechte kann dank ihrer Dauersymbiose auf saurem Gestein und sogar auf nährstofffreiem Quarz Flächen bilden, die wie Landkarten aussehen.

Auf Steinblöcken und Felsen aus Granit oder Gneis kommt u. a. die Landkartenflechte vor. Da ihre Wachstumsgeschwindigkeit bekannt ist (ca. 0,5 mm/Jahr), kann sie zur Altersdatierung z. B. von Gletschermoränen benutzt werden. Der ca. 15 cm breite Flechtenteil links unten im Bild dürfte somit etwa 300 Jahre alt sein!

Flechten in alpinen Rasen

In diesen Rasen und ähnlichen Pflanzengesellschaften kommen zahlreiche verschiedene Flechtenarten vor. Leicht kenntlich sind z. B. die Totengebeinsflechte (Wurmflechte) und das Islandmoos. Dies ist kein Moos, sondern besteht, wie alle Flechten, aus einer Dauersymbiose zwischen Pilz und Grünalgen oder Cyanobakterien (Kap. 2.5). In der Pflanzenheilkunde wird Islandmoos bei Husten und Entzündungen in Mund und Rachen eingesetzt.

Die Totengebeinsflechte und das Isländische «Moos» kommen in alpinen Rasen und Heiden vor.

Symbiosen in einem alpinen Blumenpolster auf Schutt

Wie Symbiosen und positive zwischenartliche Beziehungen das Leben und das Zusammenleben verschiedener Pflanzenarten in einem prächtigen alpinen Blumenpolster ermöglichen, ist im Buch von Gigon (2021) ausführlich beschrieben.

9.5 Gesamtüberblick

In alpinen Rasen kommen zahlreiche Symbiosen und andere positive zwischenartliche Beziehungen vor. Sie sind ähnlich wie jene auf der Magerwiese (Kap. 7) und an den sogenannten Lägerstellen mit dem vielen Vieh- oder Wildtierkot ähnlich wie jene auf der Düngewiese (Kap. 6). Jedoch sind ganz andere Arten beteiligt.

10 Acker

Blühender Kartoffelacker und Gerstenfeld

Im Folgenden geht es um Äcker, die gemäß den Methoden der konventionellen Landwirtschaft bearbeitet werden, also mit Einsatz von Handelsdünger (Kunstdünger), meist chemisch-synthetischen Pflanzenschutzmitteln und weiteren entsprechenden Maßnahmen. Der Grund für die Beschränkung auf diese Anbaumethode in diesem Feldführer ist, dass sie viel weiter verbreitet ist als der biologische/ökologische Landbau.

Unterschieden wird zwischen den Hackfrüchten wie z. B. Kartoffel, Zuckerrübe und Feldgemüse und den Äckern mit Getreide und Raps andererseits, die meist nicht oder nur selten gehackt werden. Generell kommen auf den Flächen heutzutage im Vergleich zu früher nur wenige Begleitpflanzenarten (Unkräuter, Beikräuter) vor und deshalb auch wenige Arten von Insekten, Spinnen und anderen Kleintieren. Um die Erträge zu sichern oder zu vergrößern, werden die erwähnten Maßnahmen angewendet und das Saatgut sorgfältig von fremden Samen gereinigt. Außerdem ist es in den heute üblichen dichten Beständen von Ackerpflanzen für Begleitpflanzen und -tiere oft zu dunkel bzw. kühl. Am Ackerrand können hingegen noch einige wenige Wildpflanzenarten vorkommen, denn dort fällt Licht auch von der Seite ein, was für das Pflanzenwachstum natürlich förderlich ist. Und auf den Ackerrand gelan-

gen manchmal auch weniger Herbizide sowie Insektizide und Fungizide. Zudem werden Samen von Wildpflanzen sowie Kleintiere leicht in den Ackerrand eingeweht bzw. können leicht einwandern.
Im hier nicht thematisierten biologischen bzw. ökologischen Landbau sowie in der Permakultur ist die Artenvielfalt generell viel größer, was auch eine größere Vielfalt an Symbiosen und anderen positiven Beziehungen mit sich bringt.

10.1 Symbiosen in einer Hackfrucht, dem Kartoffelacker

Bestäubung durch Insekten

Für die Kartoffelpflanzen selbst spielt die Bestäubung (außer bei der Züchtung) keine Rolle, da sie beim Anbau ja die Knollen bilden. Zudem werden die weißen bis helllila Blüten kaum von Insekten besucht; oft kommt es zur Selbstbestäubung.

Kartoffelblüte mit Bestäuber

Auch sonst spielt die Insektenbestäubung im Kartoffelacker keine große Rolle, denn die meisten dort häufigen Begleitpflanzenarten werden vom Wind bestäubt, z. B. die verschiedenen Grasarten sowie die Spreizende (Gewöhnliche) Melde und der Weiße Gänsefuß (Fotos S. 146). Von Insekten bestäubt werden hingegen neben mehreren niedrigwüchsigen Pflanzenarten mit unscheinbaren kleinen weißen Blüten auch die unten abgebildeten Arten mit farbigen Blüten.

Gewöhnliches Greiskraut, Purpurrote Taubnessel und Persischer Ehrenpreis sind niedrigwüchsige Acker- und Gartenwildkräuter, die fast das ganze Jahr blühen. Der bis 80 cm hohe Pfirsichblättrige Knöterich blüht im Sommer und Herbst.

Auf die Bedeutung von Ackerwildkräutern für Nützlinge wird im Kapitel über den Weizenacker eingegangen.

Samenausbreitung durch Tiere

Diese kommt bei den Begleitpflanzen im Kartoffelacker selten vor, denn dort sind die Lebensbedingungen für entsprechende Tiere ungünstig; meist spielt der Wind die Hauptrolle. Bei den in Äckern und Gärten häufigen Gänsefuß- und Melden-Arten kommt neben Windausbreitung jedoch selten auch Verdauungsausbreitung vor. Die Samen der oben abgebildeten Arten Taubnessel und Ehrenpreis werden durch Ameisen ausgebreitet (siehe Kap. 2.2).

Spreizende (Gewöhnliche) Melde und Weißer Gänsefuß werden vom Wind bestäubt und ausgebreitet. Selten kommt auch Verdauungsausbreitung vor.

10.2 Symbiosen in einem Getreidefeld, dem Weizenacker

In Getreide- und Raps-Äckern kommen im Vergleich zu den Hackkulturen andere Wildpflanzen und Kleintiere vor, insbesondere, wenn nicht sehr intensiv bewirtschaftet wird, sowie am Ackerrand. Die unten vorgestellten Arten kommen jedoch nicht alle gemeinsam vor, denn die Begleitflora und -fauna ist je nach den Boden- und Klimabedingungen und der Bewirtschaftungsweise recht verschieden.

Bestäubung durch Insekten

Die Getreidearten werden bekanntlich vom Wind bestäubt; dies gilt auch für die verschiedenen begleitenden Grasarten wie Gewöhnlicher oder Acker-Windhalm, Flug-Hafer, Kriechende Quecke und die verschiedenen Hirse-Arten sowie für bestimmte Raps-Sorten. Von Insekten bestäubt werden hingegen die auch am Rand von Getreidefeldern vorkommenden, beim Kartoffelacker erwähnten weiß oder farbig blühenden Wildpflanzenarten. Einige weitere charakteristische insektenbestäubte Ackerwildkraut-Arten zeigt die folgende Fotogalerie.

Klatsch-Mohn, Echte Kamille, Kornblume und Acker-Senf werden von Insekten bestäubt.

Bedeutung von Ackerwildkräutern für Nutzinsekten

An Ackerwildkräutern können ganz verschiedene Insekten beobachtet werden, wobei die unten erwähnte Florfliege v. a. dämmerungs- und nachtaktiv ist. Die im Folgenden beschriebenen Zusammenhänge sind nur in größeren, vielfältigen Beständen von Ackerwildkräutern, insbesondere in den angesäten Blühstreifen, wirtschaftlich bedeutend. Sehr vereinfacht kann man sagen, dass bestimmte Ackerwildkräuter verschiedenen Nützlingen Lebensmöglichkeiten bieten, insbesondere Nahrung, wenn diese nach dem Blühen der Obstbäume und vieler Pflanzen der Hecken, Waldränder und Wiesen knapp wird. Es geht hauptsächlich um das Folgende:

- Ackerwildkräuter liefern den Bestäubern, insbesondere den am Schwirrflug leicht kenntlichen Schwebfliegen, der Honigbiene und den Wildbienen Nektar bzw. Pollen.
- Ackerwildkräuter liefern räuberisch und parasitisch lebenden adulten Insekten Nektar und Pollen. Zu solchen Nützlingen zählen neben bestimmten Schwebfliegen auch Florfliegen, Schlupfwespen sowie Vertreter anderer Gruppen. Diese Insekten bzw. ihre Larven fressen Blattläuse, Larven des Getreidehähnchens (eines kleinen Blattkäfers)

sowie andere Pflanzenschädlinge. (Einzelheiten zur Symbiose zwischen Blattläusen und Ameisen siehe Kap. 10.3.)

Beide soeben beschriebenen Beispiele von biologischer Schädlingsbekämpfung sind für die Kulturpflanzen indirekte einseitig positive Beziehungen vonseiten der Ackerwildkräuter.

Florfliegen fressen Pollen, Nektar und Honigtau. Ihre Larven ernähren sich von Blattläusen und anderen Schadinsekten, indem sie diese aussaugen und dadurch töten.

Beobachtungen an einer Vergissmeinnicht-Blüte

Der gelbe Schlundring der Vergissmeinnicht-Blüten sieht aus wie eine Serie von Staubbeuteln und lockt dadurch Insekten an, obwohl der Ring gar keinen Pollen enthält. Diesen finden die Bestäuber erst tiefer in der Blüte. Eine solche Täuschung wird als Mimikry bezeichnet. Auch verfärben sich die Vergissmeinnicht-Blüten von rosa zu hellblau, was den Insekten signalisiert, dass die Bestäubung wohl bereits stattgefunden hat, also kaum mehr Nektar und Pollen zu holen sind.

Die Blüten des Acker-Vergissmeinnichts und anderer Vergissmeinnicht-Arten weisen zwei Besonderheiten auf.

Samenausbreitung durch Anhaftung

Diese kommt bei Begleitpflanzenarten in Äckern relativ selten vor, denn die entsprechenden Tiere finden dort meist keine günstigen Lebensbedingungen. Dieser Ausbreitungstyp, der auch Klettausbreitung genannt wird, kommt außer beim abgebildeten Beispiel auch bei den Früchten des Acker-Vergissmeinnichts sowie beim Kletten-Labkraut vor.

Beim heutzutage seltenen Acker-Hahnenfuß werden die Samen durch Anhaftung an Tier und Mensch ausgebreitet.

Samenausbreitung durch Ameisen

Acker-Stiefmütterchen, Gewöhnlicher Erdrauch, Purpurrote Taubnessel und weitere Ackerwildkräuter haben Samen mit einem nur mit einer Lupe sichtbaren Ölkörperchen, welches der Ausbreitung durch Ameisen dient (Details hierzu siehe Kap. 2.2).

Der meist nur 10–20 cm hohe Gewöhnliche Erdrauch bildet Samen mit einem winzigen weißlichen Ölkörperchen, dessen Duft Ameisen anlockt. Diese transportieren die Samen in ihr Nest und fressen dort das nahrhafte Ölkörperchen ab, wonach die Samen aus dem Nest befördert werden. Manchmal wird das Ölkörperchen bereits auf dem Weg zum Nest verzehrt und der Same liegen gelassen. Von diesem Ausbreitungstyp profitieren beide Partner: eine Symbiose.

Der Gewöhnliche Erdrauch bildet Samen mit einem Ölkörperchen, dessen Duft Ameisen anlockt.

10.3 Weitere häufige Symbiosen und positive Beziehungen

Viele weitere, in beiden beschriebenen Typen von Äckern vorkommende Beziehungen wurden bereits in den vorhergehenden Kapiteln über die einzelnen Ökosysteme beschrieben, so die verschiedenen positiven Wirkungen des Regenwurmes in Kap. 3.7. Für Einzelheiten zum Abbau von totem organischen Material sei auf Kap. 2.6 verwiesen. Die auch für die Ackerkulturen und ihre Begleitpflanzenarten unerlässlichen Symbiosen mit Wurzelpilzen (Mykorrhiza) sind Thema des Kap. 2.3. Schließlich sind mehrere der soeben erwähnten und weitere Symbiosen in der Syntheseabbildung am Schluss dieses Kapitels dargestellt.

Tierverstecke

Diese für Insekten und andere Kleintiere positive Wirkung der Pflanzendecke kommt v. a. Insekten und Spinnen zugute, in Getreideäckern mit großem Saatreihenabstand manchmal sogar Bodenbrütern, z. B. der Feldlerche. Deren Anwesenheit verrät das Männchen durch den bekannten Singflug.

Feldlerche, Eier, Nestlinge und Nest sind im Getreideacker gut versteckt und getarnt.

Blattläuse und ihre vielfältigen positiven und negativen Beziehungen

An Ackerpflanzen kommen verschiedene Arten von Blattläusen vor; diese vermehren sich bekanntlich rasant. Mit ihrem Rüssel stechen sie die Leitbündel in den Blättern an und saugen aus diesen ihre Nahrung. Dabei schädigen sie die Pflanzen direkt, aber auch indirekt, indem sie Krankheitserreger wie Viren übertragen können. Die aufgesaugte Nahrung enthält, physiologisch gesehen, zu viele zuckerhaltige Verbindungen, weswegen diese als sogenannter Honigtau ausgeschieden werden. Dieser dient dann Ameisen als Nahrung. Als Gegenleistung halten die

Ameisen Fressfeinde von den Blattläusen fern: eine typische Symbiose. Die Blattläuse und z. T. deren Eier sind eine wichtige Nahrung für Marienkäfer (und ihre Larven) sowie die Larven von Schwebfliegen, Florfliegen, Schlupfwespen und anderen Insekten sowie für Spinnen und Vögel. Alle diese Organismen sind also Nützlinge, indem sie die Blattläuse dezimieren. Zwischen den genannten Ackerpflanzen und den Nützlingen besteht also eine indirekte positive Beziehung nach dem Prinzip «Der Feind meines Feindes ist mein Freund».

Diese Ameise saugt gerade einen Zuckerwassertropfen aus einer Blattlaus.

Biologische Stickstofffixierung

Im Rahmen der Fruchtfolge werden oft Klee-Gras-Mischungen, Luzerne, Sojabohnen oder andere Hülsenfrüchtler (Leguminosen, Schmetterlingsblütler) angebaut. Neben der Nahrungsproduktion für das Vieh bzw. den Menschen besteht ein Hauptgrund für den Anbau von Hülsenfrüchtlern darin, dass sie Stickstoff aus der Luft in ihren Wurzelknöllchen fixieren (für Details zu dieser Symbiose siehe Kap. 2.4). Die fixierten Stickstoffverbindungen kommen in der Fruchtfolge auch nachfolgenden Ackerkulturen zugute. Außerdem werden durch die Klee-Gras-Phase bestimmte Krankheitserreger und tierische Schädlinge beeinträchtigt.

Luzernen und weitere Schmetterlingsblütler werden häufig angebaut, u. a., weil sie Luftstickstoff fixieren können.

10.4 Gesamtüberblick

In der nebenstehenden Synthesezeichnung sind einige wichtige, in Getreideäckern vorkommende Symbiosen und andere positive Beziehungen zusammengestellt. Es sind im Vergleich zu anderen Ökosystemen wenige, da in solchen Äckern nur wenige Pflanzen- und Tierarten vorkommen. Mehr Symbiosen und positive Beziehungen können in biologisch/ökologisch bewirtschafteten Äckern sowie in Blühstreifen und Buntbrachen beobachtet werden.

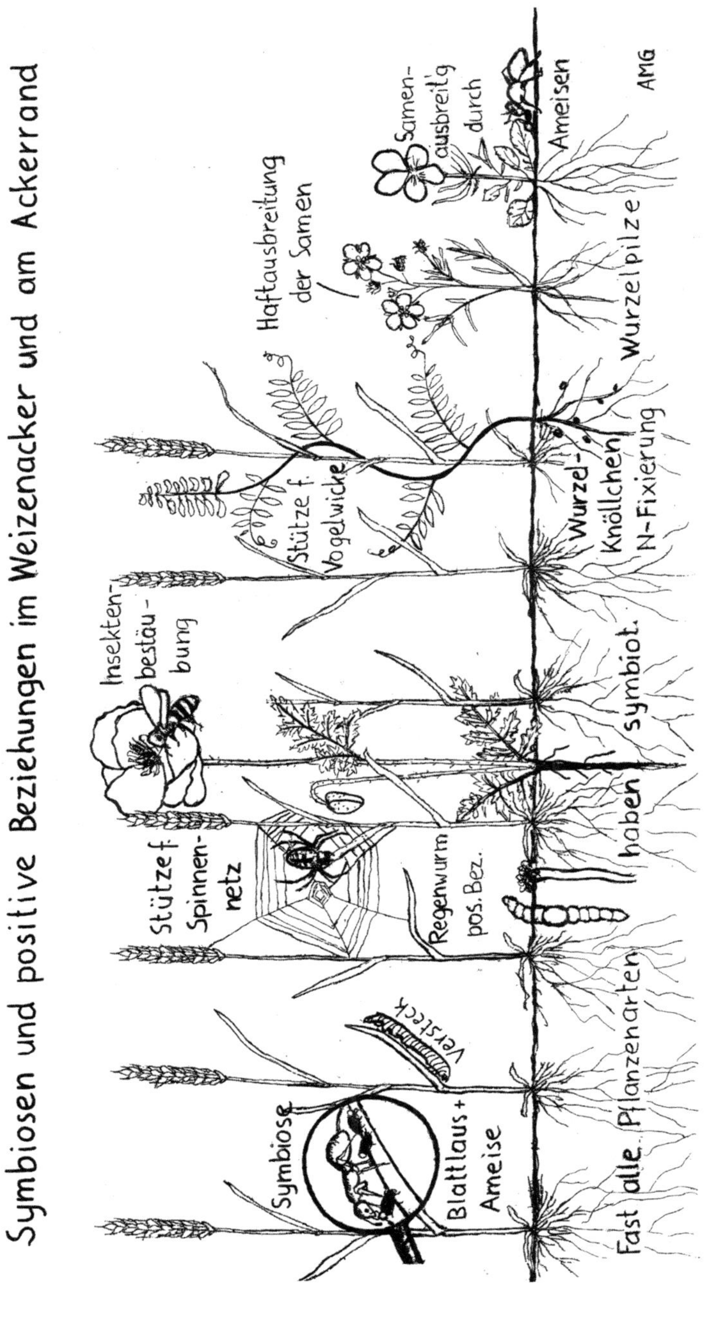
Symbiosen und positive Beziehungen im Weizenacker und am Ackerrand
Symbiose
Blattlaus + Ameise
Versteck
Stütze f. Spinnen-netz
Regenwurm pos. Bez.
Insekten-bestäu-bung
Stütze f. Vogelwicke
Haftausbreitung der Samen
Samen-ausbreit'g durch Ameisen
Fast alle Pflanzenarten haben symbiot. Wurzel-Knöllchen N-Fixierung Wurzelpilze
AMG

11 Seeufer

Seeufer mit Gelber Teichrose und Schilf

Die an Seeufern und in Gewässern vorkommenden Symbiosen und anderen positiven Beziehungen sind meist relativ schwierig zu beobachten. Denn die nassen Böden an Ufern meidet man gerne und die Röhrichte sind undurchdringlich. Außerdem dürfen die natürlichen und naturnahen Ufer-Ökosysteme nicht betreten werden, wenn sie unter Naturschutz stehen. Von einem Steg aus lassen sich die Schwimmblattpflanzen und die Schwimmvögel sowie manchmal auch die Fische jedoch beobachten. Angespülte Triebe von Wasserpflanzen können Einblicke in die Unterwasservegetation und ihre Bewohner liefern.

Vom Land zu einer offenen Seefläche gibt es unter natürlichen Bedingungen eine Abfolge von Ökosystemen, also eine Zonierung, wie sie unten dargestellt ist. In den ufernahen Wäldern und Gebüschen kommen ähnliche Symbiosen und positive Beziehungen vor, wie sie in den Kap. 4 und 5 über den Wald und den Waldrand präsentiert wurden. Deswegen wird hier auf deren Beschreibung verzichtet. An vielen Ufern wurden der Wald und das Gebüsch gerodet und es entwickelten sich im Verlauf von Jahrhunderten infolge jährlicher Mahd (ohne Düngung) verschiedene Feuchtwiesen, z. B. die Pfeifengras-Streuwiese (siehe Schema unten). Die auf dieser Wiese und in den seewärts anschließenden Rieden vorkommenden Symbiosen und positiven Beziehungen sind ähnlich wie jene, die in Kap. 8 über die Feuchtwiesen besprochen wurden, weswegen sie hier nicht nochmals thematisiert werden. Manchmal grenzen Gewässer auch direkt an Fettwiesen oder an intensiv beweidete Flächen; die Symbiosen in diesen Ökosystemen waren bereits Thema des Kap. 6 über die Düngewiesen und -weiden. Wo das Ufer steil abfällt oder bei Ufermauern sowie an Stellen, wo viele Nährstoffe ins Gewässer gelangen (Eutrophierung), fehlt die im Folgenden dargestellte Zonierung weitgehend.

Natürliche Zonierung an einem See im Schweizer Mittelland

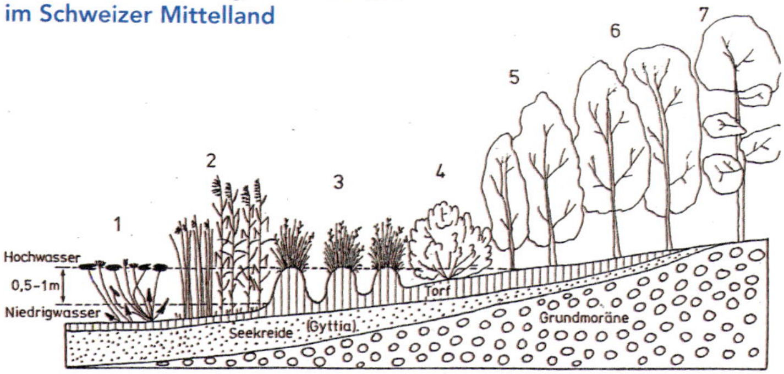

Zonierung nach Waldrodung und jährlichem Wiesenschnitt, ohne Düngung

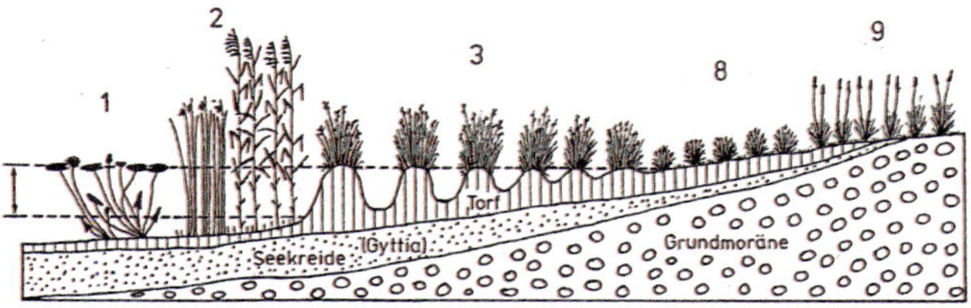

Die natürliche Abfolge von Ökosystemen vom See zum Land.
(1) Schwimmblatt-Ökosystem, darunter oft noch die Laichkrautflur, (2) Röhricht, (3) Großseggenried, (4) Weidengebüsch, (5) Schwarzerlen-Moorwald, (6) Eschenmischwald, (7) Rotbuchenwald.
Wird regelmäßig zur Streunutzung gemäht, aber nicht gedüngt, so kommen vor: (8) Kleinseggenried, (9) Pfeifengras-Streuwiese.
3, 8 und 9 werden z. T. auch als Flachmoor bezeichnet.

Viele Ökosysteme der Seeufer waren also bereits Thema vorangehender Kapitel. Deshalb werden nun nur die Symbiosen und positiven Beziehungen im Röhricht und im Schwimmblattgürtel sowie im darunterliegenden Laichkrautrasen und z. T. im offenen Wasser beschrieben. Nicht thematisiert werden auch die Beziehungen zwischen den Uferpflanzen und den Wurzelpilzen (Mykorrhiza) sowie der Abbau von totem organischem Material (siehe dazu Kap. 2.3 und 2.6).

11.1 Blütenbestäubung durch Insekten

Mehrere Pflanzenarten mit attraktiven, von Insekten bestäubten Blüten kommen auf ufernahen Feuchtwiesen und direkt am Wasserrand vor (siehe Abbildungen). Auch die meisten Schwimmblattpflanzen werden von Insekten bestäubt: typische Symbiosen (Details siehe Kap. 2.1).

Am Gewässerufer: Sumpf-Dotterblume, Ufer-Wolfsfuß* (Wolfstrapp) und links vorne Wasser-Minze sowie Blutweiderich* und Sumpf-Schwertlilie (*Klebausbreitung durch Wasservögel)

Manche Blüten dienen als Rendezvous-Platz für Männchen und Weibchen, was zu Nachkommen führen kann; dies ist natürlich für die betreffende Insektenart positiv. Eine Besonderheit der Blüten der Seerose und der Teichrose ist, dass sie sich bereits am späten Nachmittag schließen, weswegen sie verschiedenen Insekten als Schlafstätte für die Nacht dienen: eine einseitig positive Beziehung.

Schwimmblattpflanzen: Schwimmendes Laichkraut (windbestäubt und mit Verdauungsausbreitung), Weiße Seerose und Gewöhnlicher Wasser-Hahnenfuß, beide insektenbestäubt und mit Klebausbreitung durch Wasservögel

11.2 Ausbreitung von Pflanzen durch Tiere

Die Samen vieler soeben erwähnter Blütenpflanzen werden mit dem Wasser ausgebreitet, manche aber, wie oben vermerkt, auch durch Wasservögel, eine für die Pflanzen positive Beziehung.

Die auf Seen und Weihern schwimmenden, nur 2–6 mm kleinen Sprosse der Kleinen und anderer Wasserlinsen-Arten bleiben an Wasservögeln kleben und gelangen so in neue Gewässer.

11.3 Pflanzen als Lebensraum, Rastplatz, Versteck und Ablageort für Eier bzw. Laich

Diese einseitig positiven Beziehungen sind wichtig für bestimmte Vögel, Amphibien, Fische, Schnecken, Insekten und andere Wassertiere und z. T. auch für deren Larven. Sie alle leben meist gut versteckt oder sind gut getarnt, also nur schwer zu beobachten – und sie sind so auch einigermaßen vor Fressfeinden geschützt. Aber auch Hechte und andere Raubfische verstecken sich in der Wasservegetation … Als Brutplatz wird das Röhricht u. a. von Teich- und von Drosselrohrsänger genutzt. Letzterer verrät seine Anwesenheit durch laute, abgehackte Gesänge und Rufe.

Frösche sind zwischen den Wasserpflanzen gut getarnt.

Einige Vogelarten nutzen Pflanzenteile als Nistmaterial, z. B. der Drosselrohrsänger, der sein Nest an Schilfhalmen über dem Wasser befestigt, und das Blässhuhn (Blässralle, Taucherli) für ihr Boden- oder Schwimmnest. Für Letzteres ist das luftgefüllte, also schwimmfähige Schilfrohr besonders geeignet. Bei beiden Nesttypen profitieren die Vögel vom abgestorbenen Pflanzenmaterial: Somit liegt für die Vögel eine einseitig positive Beziehung vor.

Das Nest des Drosselrohrsängers ist gut getarnt im Röhricht.
Das trifft auch für das Schwimmnest des Blässhuhns zu.

Allgemein bekannt ist, dass Fische den Unterwasserteil des Röhrichts, die Laichkrautfluren und die bisher noch nicht erwähnten Armleuchteralgenrasen am Seegrund als Kinderstube für ihren Nachwuchs brauchen.

Der Hecht befestigt seine Eier an Wasserpflanzen und nutzt diese dann als Kinderstube und als Versteck.

11.4 Positive Beziehungen zwischen den Wasservögeln am Seeufer

Zwischen den verschiedenen, im Winter an mitteleuropäischen Seen zusammenlebenden Vogelarten kommen mehrere positive Beziehungen vor; einige davon sind jedoch bisher nicht wissenschaftlich belegt, müssen also noch genauer überprüft werden

Das sogenannte Menüpuzzle vermindert die Nahrungskonkurrenz zwischen den Wasservögeln

An Gewässerufern lässt sich v. a. im Winterhalbjahr beobachten, dass Graugänse, Blässhühner (Blässrallen, Taucherli) und Stockenten oft an Land und z. T. im Schilf fressen. Die letztgenannte Art sowie die Schnatter- und die Krickenten suchen v. a. am Gewässergrund nach Nahrung, und zwar bis zu jener Wassertiefe, die sie noch schwimmend mit ihrem Hals erreichen können: Sie gründeln. Der Höckerschwan kann mit seinem langen Hals natürlich bis in größere Tiefe gründeln. Die Löffelente gründelt ebenfalls; außerdem schöpft sie mit ihrem speziellen Schnabel auch Nahrung von der Wasseroberfläche ab. Die Reiher- und die Tafelenten sowie andere Tauchenten und das bereits erwähnte Blässhuhn nehmen pflanzliche und tierische Nahrung aus bis zu etwa 4 m Wassertiefe auf.

Löffelente, Haubentaucher und Kormoran ernähren sich ganz unterschiedlich.

Eine ganz andere Ernährungsweise haben Haubentaucher, Gänsesäger und Kormoran: Sie fressen Fische und kleine andere Wassertiere, die sie aus unterschiedlicher Tiefe holen. Alle erwähnten verschiedenen Ernährungstypen in diesem «Menüpuzzle» führen dazu, dass die zwischenartliche Nahrungskonkurrenz verringert wird, was für die beteiligten Arten positiv sein dürfte. Vielleicht wird durch das Menüpuzzle auch eine massive Über- bzw. Unternutzung der Nahrungsressourcen verhindert. Das heißt, keine Nahrungspflanze bzw. kein Nahrungstier kann auf Kosten der anderen überhandnehmen. Dieses idealisierende Bild wird jedoch z. T. dadurch relativiert, dass sich die Wandermuschel, die in den 1960er-Jahren aus dem Schwarzen Meer eingeschleppt wurde, in Mitteleuropa massiv ausgebreitet hat. Diese Muschel ist eine wichtige Nahrung für die Reiher- und die Tafelenten, sodass deren Populationen in der Folge stark gewachsen sind. Möglicherweise hat dies dann zu Veränderungen im gesamten Nahrungsnetz der Entenvögel geführt.

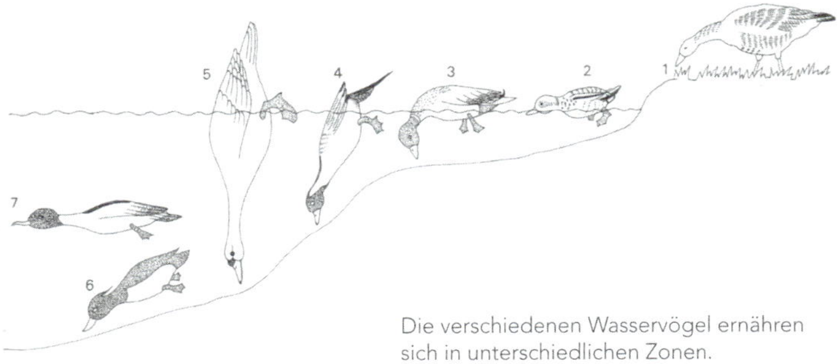

Die verschiedenen Wasservögel ernähren sich in unterschiedlichen Zonen. (1) Graugans, (2) Krickente, (3) Stockente, (4) Spießente, (5) Höckerschwan, (6) Reiherente, (7) Gänsesäger, der einzige Fischfresser.

Warnung durch eine besonders störungsempfindliche Entenvogel-Art?

Hier wird von der Annahme ausgegangen, dass *eine* der oben erwähnten Vogelarten (oder einige Individuen innerhalb einer Art) besonders empfindlich auf Bedrohungen, z. B. durch einen Greifvogel, reagiert und dadurch ihre Artgenossen und gleichzeitig auch Individuen anderer Arten vor dem Angreifer warnt. Die anderen Arten profitieren somit vom Warner.

Verwirrung von Greifvögeln durch gleichzeitiges Auffliegen verschiedener Entenvögel?

Wie von großen Vogelschwärmen, z. B. von Staren, bekannt, wird ein angreifender Greifvogel durch das gleichzeitige Auf- und Davonfliegen zahlreicher Vögel derart verwirrt, dass er Mühe hat, einen einzelnen Vogel aus dem Schwarm zu ergreifen. Ein solcher Effekt ist auch beim gleichzeitigen Auffliegen verschiedener Entenvögel denkbar. Einzelne Arten würden einander dadurch indirekt unterstützen: positive zwischenartliche Beziehungen.

11.5 Libellen nutzen Wasserpflanzen in mehrfacher Hinsicht

Einige Libellenarten nutzen herausragende Pflanzen bei der Insektenjagd als Ansitz: eine für die Libelle einseitig positive Beziehung mit der Pflanze. Bestimmte Libellen stechen ihre Eier in Pflanzensprosse; die geschlüpften Larven leben monate- bis jahrelang räuberisch am Gewässerboden. Schließlich klettern sie Pflanzen, Holzstücken oder Ufermauern entlang aus dem Wasser und klammern sich fest. Dann schlüpft aus der aufgeplatzten Larvenhaut die fertige Libelle. Die leeren «Häutungshemden» (Exuvien) kann man manchmal am Ufer oder an Pflanzenstängeln, die im Wasser stehen, finden.

Die häufige Große Königslibelle nutzt lebende oder abgestorbene Wasserpflanzen in mannigfacher Weise, z. B. als Ansitz bei der Jagd und als Stütze bei der Häutung.

11.6 Beobachtungen an Unterwasserpflanzen und -kleintieren

Am Ufer kann man oft angeschwemmte Wasserpflanzen mit Wasserschnecken und anderen Kleintieren sehen. Für diese Lebewesen sind die Unterwasserpflanzen neben Nahrung auch ein wichtiges Versteck; oft sind die Tierchen auch farblich getarnt; es liegen also verschiedene positive Beziehungen vor.

Spitzschlammschnecken ernähren sich von abgestorbenen und lebenden Wasserpflanzen.

Die nur 10–15 mm große Grüne Hydra lebt in Symbiose mit einzelligen Grünalgen.

Vielleicht hat man Glück und entdeckt auf einer aus dem Wasser gezogenen Pflanze eine winzige Grüne Hydra (Süßwasserpolyp). Dieses Hohltier ist mit den Korallen und Quallen verwandt. Im Körper der Hydra leben unzählige einzellige *Chlorella*-Grünalgen, die ihn mit Kohlenhydraten aus ihrer Fotosynthese versorgen. Im Gegenzug profitieren die Algen vom Kohlendioxid aus der Atmung der Hydra und von frischem, nährstoffreichem Wasser, das diese mit ihren Tentakeln herbeistrudelt. Insgesamt liegt also eine enge Symbiose vor.

11.7 Positive Beziehungen einiger Muschelarten mit Fischen

Am Ufer oder im klaren Wasser kann man manchmal Muschelschalen finden bzw. lebende Muscheln sehen. Wie breiten sich diese wenig mobilen Tiere in Gewässern aus? Dabei spielen bekannte Fischarten eine entscheidende Rolle. Beobachten kann man diese natürlich nicht; sie ist aber derart interessant, dass sie hier präsentiert wird. Die Beziehung kommt bei Bachmuschel (Kleiner Flussmuschel), Malermuschel, Großer Flussmuschel, Gewöhnlicher Teichmuschel und Schwanenmuschel (Große Teichmuschel) vor. Fischpartner sind u. a. Rotfeder, Stichling und Flussbarsch (Egli).

Die Bachmuschel lebt in einer positiven Beziehung mit bestimmten Fischen.

Die für die Bachmuschel (Kleine Flussmuschel) einseitig positive Beziehung bzw. ihr Lebenskreislauf ist in der unten stehenden Abbildung zusammengestellt. (1) Das Muschelmännchen gibt in der Nähe eines Weibchens Tausende von Spermien ins Wasser ab. (2) Diese strudelt das Weibchen zu den Tausenden von Eiern in seiner Bruttasche, wo die Befruchtung stattfindet. Nach einer 2–4 Wochen dauernden Entwicklung gelangen unzählige, nur ¼ mm große Muschellarven ins Wasser. (3) Von dort werden einige wenige zusammen mit der Nahrung von einem Fisch aufgenommen und klammern sich an dessen Kiemen fest. (4) Die Larven leben dann etwa einen Monat lang am Fisch, ohne zu wachsen oder diesen nennenswert zu beeinträchtigen (manchmal kommt es allerdings zu einer Parasitierung). Während dieser Phase können die Larven am Fisch in entfernte, auch flussaufwärts liegende Stellen gelangen. (5) Die Larven lassen sich schließlich auf den Gewässerboden fallen, wo sie zu adulten Muscheln heranwachsen (6). Der soeben beschriebene Taxi-Dienst ist eine für die Muscheln einseitig positive Beziehung zu den Fischen.

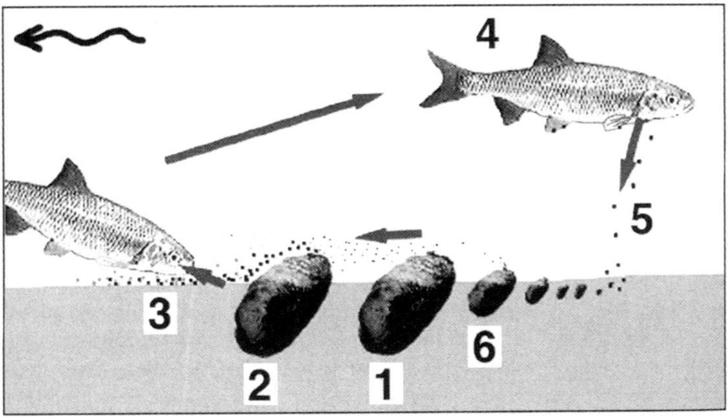

Die Bachmuschel und ihr Lebenskreislauf (verändert nach Vicentini, 1998)

Auf die bekannte Symbiose zwischen Muscheln und dem Bitterling wird hier nicht eingegangen, da diese Fischart recht selten ist und diese Symbiose wie die oben beschriebene nicht beobachtet werden kann.

11.8 Gesamtüberblick

An Gewässerufern kommen zahlreiche Symbiosen und positive Beziehungen vor. Dies hängt u. a. mit der am Anfang des Kapitels dargestellten Vielfalt an unterschiedlichen Pflanzengemeinschaften mit ihren jeweils ganz verschiedenen Tiergemeinschaften vom Ufer bis ins tiefe Wasser zusammen.

11.9 Der Biber fördert indirekt zahlreiche Tier- und Pflanzenarten

Der Biber kommt nach seiner fast vollständigen Ausrottung in den letzten Jahrhunderten heute in Mitteleuropa wieder vielerorts vor. Er kann bekanntlich Bäche und kleine Flüsse zu größeren Wasserflächen aufstauen, weswegen er auch als Ökosystem-Ingenieur bezeichnet wird. Das Aufstauen dient dazu, den Zugang zu seiner meist am Ufer liegenden Biberburg unter Wasser zu halten: So können Fressfeinde wie der Fuchs seine Jungen nicht erreichen. In gestauten Gewässern kann er zudem Äste und anderes Material für den Damm und die Biberburg leichter transportieren als an Land.

Ein Baum wird angenagt, bis er umfällt und so die Zweige mit ihrer Rinde gefressen werden können.

Biberdamm. Im stetig durchnässten Boden sterben viele Bäume ab.

Die meist nachts stattfindende, rein vegetarische Ernährung des Bibers besteht von Frühling bis Herbst vor allem aus Gräsern und Kräutern, im Winter meist aus kleinen Zweigen, Knospen und der Rinde von Sträuchern und Bäumen. Letztere bringt er durch das Annagen zu Fall, wodurch die Zweige zum Fressen erreichbar werden. Die Fraßspuren sowie die Biberrutschen zwischen Gewässer und Land sind leicht zu beobachten.

Die im Folgenden beschriebenen positiven Wirkungen (Beziehungen) des Bibers auf Tier- und Pflanzenarten kommen vor allem an größeren und viele Jahre existierenden Biberteichen vor, jene auf Pflanzen bis in rund 20 m Entfernung vom Gewässer. Die Wirkungen gehen meist nicht direkt vom Biber aus, sondern sind eine indirekte Folge des Wasseraufstaus. Dort entstehen bessere bzw. neue Lebensbedingungen für ganz verschiedene Tier- und Pflanzenarten. Zu Letzteren gehören bestimmte Seggen-Arten und die Sumpf-Schwertlilie sowie die schwimmenden Wasserlinsen, das unter Wasser lebende Tausendblatt und weitere Arten (siehe Kap. 8, Feuchtwiese, und Kap. 11, Seeufer). Der Biber fällt bekanntlich große Laubbäume (auch Obstbäume) und schafft so Platz und Licht, sodass bestimmte Pflanzen- und Tierarten neue Lebensräume erhalten. Sind die Wurzeln von Bäumen über längere Zeit unter Wasser, so sterben sie ab. Stehende geschwächte oder tote Bäume bieten dann z. B. Greifvögeln Ansitzwarten, Spechte und andere Vögel können dort ihre Höhlen bauen und Totholz bewohnende Insekten wie bestimmte Wildbienen erhalten Nistmöglichkeiten. Man kann also sagen, dass die Biodiversität in und entlang von Biberteichen zunimmt; allerdings gibt es natürlich auch Arten, die durch den Wasseraufstau beeinträchtigt werden, z. B. bestimmte Bodenorganismen und «trockenheitsliebende» Pflanzen. Einige der erwähnten indirekten positiven Beziehungen des Bibers zeigt die folgende Förderungskonstellation.

Förderungskonstellation um den Biber

Durch den Wasseraufstau werden viele Arten indirekt gefördert (= indirekte positive Beziehung: +Δ).

+Δ

+Δ

Der Große Buntspecht und andere Arten profitieren von stehenden Bäumen, die auf nassen Böden geschwächt oder abgestorben sind.

+Δ

Kohldistel und andere «feuchtigkeitsliebende» Arten profitieren von nassen Uferböden.

+

Kot und Kadaver sind Nahrung für Abbauorganismen: bestimmte Insekten, Pilze, Bakterien usw.

+Δ

Große Königslibelle und andere Libellenarten

+Δ

Stockenten und andere Wasservögel

+Δ

Teichfrosch und andere Amphibien

+Δ

Elritze und andere Fischarten

12 Bedeutung der Symbiosen in der Natur und für den Menschen

12.1 Bedeutung der Symbiosen in der Natur

Allgemeine Bedeutung

Die allgemeine Bedeutung der Symbiosen und der einseitig positiven zwischenartlichen Beziehungen liegt darin, dass viele von ihnen unerlässlich für das Leben auf der Erde sind. Dies zeigen bereits die wenigen leicht beobachtbaren Symbiosen, die in diesem Buch präsentiert werden. Deren Anzahl ist nur ein winziger Bruchteil aller in den einzelnen Ökosystemen vorkommender Symbiosen.

In praktisch allen Ökosystemen der Erde bestehen komplexe Vernetzungen von Dutzenden bis Hunderten von ganz unterschiedlichen Symbiosen und positiven zwischenartlichen Beziehungen. Dies muss man sich einmal vergegenwärtigen! Und diese Beziehungen verändern sich im Tages- und im Jahreslauf sowie im Verlauf der Jahre und Jahrtausende dauernd! Bekannte Beispiele von Vernetzungen sind jene zwischen den verschiedenen Bestäubern und den von ihnen bestäubten unterschiedlichen Pflanzenarten sowie jene zwischen den verschiedenen Pflanzen und den Wurzelpilzen. Zu den Vernetzungen zwischen den Symbiosen kommen natürlich noch jene mit den Fraß-, Konkurrenz-, Parasitismus- und zahlreichen anderen negativen oder gemischten Beziehungen hinzu. Auch wenn unzählige Elemente eines solches Netzwerks vielleicht in einem Computer erfasst werden können, so bleibt es wegen seiner Komplexität für den Menschen nicht konkret vorstellbar.

Einige wenige der vielfältigen Beziehungen zwischen den Symbiosen untereinander und zu den positiven Beziehungen in einem Laubwald sind im nebenstehenden Förderungsnetz dargestellt. Dieses entspricht in der Struktur dem bekannten Nahrungsnetz, in welchem jedoch die Fraßbeziehungen dargestellt sind.

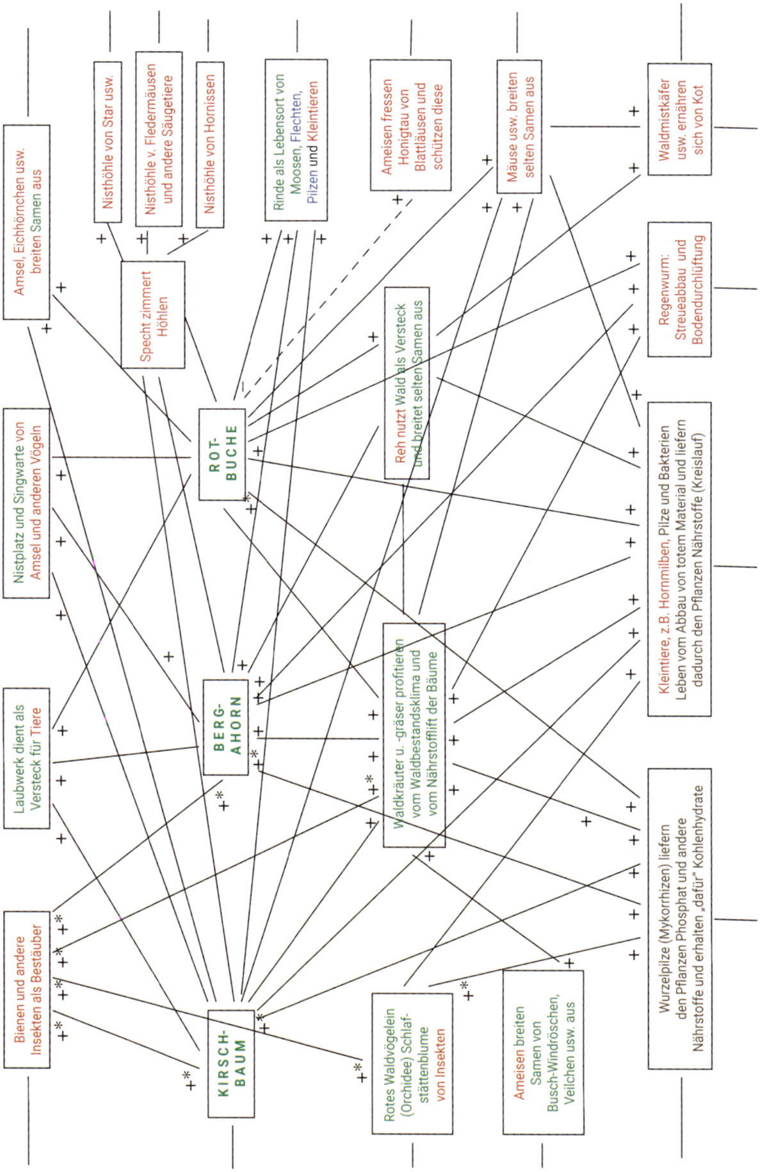
Amsel, Eichhörnchen usw. breiten Samen aus
Nisthöhle von Star usw.
Nisthöhle v. Fledermäusen und andere Säugetiere
Nisthöhle von Hornissen
Specht zimmert Höhlen
Rinde als Lebensort von Moosen, Flechten, Pilzen und Kleintieren
Ameisen fressen Honigtau von Blattläusen und schützen diese
Mäuse usw. breiten selten Samen aus
Waldmistkäfer usw. ernähren sich von Kot
Nistplatz und Singwarte von Amsel und anderen Vögeln
ROT-BUCHE
Reh nutzt Wald als Versteck und breitet selten Samen aus
Regenwurm: Streueabbau und Bodendurchlüftung
Kleintiere, z.B. Hornmilben, Pilze und Bakterien Leben vom Abbau von totem Material und liefern dadurch den Pflanzen Nährstoffe (Kreislauf)
Laubwerk dient als Versteck für Tiere
BERG-AHORN
Waldkräuter u. -gräser profitieren vom Waldbestandsklima und vom Nährstofflift der Bäume
Bienen und andere Insekten als Bestäuber
KIRSCH-BAUM
Rotes Waldvögelein (Orchidee) Schlafstättenblume von Insekten
Ameisen breiten Samen von Busch-Windröschen, Veilchen usw. aus
Wurzelpilze (Mykorrhizen) liefern den Pflanzen Phosphat und andere Nährstoffe und erhalten „dafür" Kohlenhydrate

In solchen Netzen können wichtige Zusammenhänge erkannt werden:

1. Man sieht, wie über verschlungene Wege ganz verschiedene Arten miteinander zusammenhängen. Im Schema kann man z. B. die folgenden Verknüpfungen von Förderungen verfolgen: von den Wurzelpilzen zur Rot-Buche, von dieser zum Specht und schließlich zum Star, der in einer verlassenen Spechthöhle in der Buche nistet.

2. Förderungsnetze können aufzeigen, wie das Ausfallen einer Art oft durch eine andere ökologisch ähnliche Art wettgemacht werden kann, was auch als Risikoverteilung durch Vielfalt bezeichnet wird. Ein Beispiel: Werden in einem Wald die Kirschbäume gefällt, so gibt es für manche Insekten immer noch den Berg-Ahorn und andere Arten als Nektarquelle.

3. Förderungsnetze veranschaulichen auch, wie das Ausfallen einer einzelnen Art mehrere andere Arten beeinträchtigen kann, was als Kettenreaktion oder Dominoeffekt bezeichnet wird. Ein Beispiel: Werden die Bestäuber durch Insektizide vergiftet, so werden weniger Beeren und andere Früchte gebildet, was sich negativ auf die lokale Vogelwelt auswirkt.

Anzahl Arten, die an Symbiosen von globaler Bedeutung beteiligt sind

Die globale Bedeutung der Symbiosen kann man auch anhand der Anzahl an ihnen beteiligter Arten veranschaulichen, wie sie in der folgenden Tabelle zusammengestellt ist.

Symbiosen von globaler Bedeutung und die Anzahl Arten, die an ihnen beteiligt sind

Symbiose	Beteiligte Arten
Bestäubung durch Tiere (Kap. 2.1)	~ 190000 der ~ 380000 Pflanzenarten* der Erde ≥ 280000 Arten von Insekten und anderen Tierarten
Samenausbreitung durch Tiere (Kap. 2.2)	~ 190000 Pflanzenarten** < 100000 Tierarten (Schätzung, da keine Literaturangaben vorliegen)
Mykorrhiza (Kap. 2.3)	~ 340000 Pflanzenarten ~ 50000 Wurzelpilzarten
Symbiotische Stickstofffixierung (Kap. 2.4)	~ 20000 Pflanzenarten < 100 Bakterienarten, aus verschiedenen Gruppen
Flechtensymbiose (Kap. 2.5)	~ 25000 Flechtenarten, jeweils aus mindestens einer Pilz- und einer Grünalgen- bzw. Cyanobakterien-Art bestehend. 6–8 % der Landoberfläche der Erde sind von Flechten bedeckt.
Verdauungssymbiose	ist lebenswichtig für viele Säugetiere (inklusive Mensch) und andere Wirbeltiere sowie für Insekten und Vertreter anderer Tiergruppen, jeweils mit unzähligen Arten von Bakterien sowie zahlreichen Pilz- und weiteren Arten. Das Gewicht des Verdauungsmikrobioms (Darmflora) des Menschen beträgt etwa 0,5 kg.

* *Nach Willis et al. (2017) gibt es auf der Erde 380000 Arten von Blüten- und Farnpflanzen.*

** *Nach Fricke et al. (2022) sowie Wikipedia.*

Die Pflanzen spielen gewichtsmäßig in den meisten Land-Ökosystemen und damit auch in der terrestrischen Biosphäre die Hauptrolle. Dies führt zu den folgenden Erkenntnissen:

Der größte Teil der terrestrischen Biomasse der Erde lebt in Symbiosen. Für das Leben auf der Erde sind die Symbiosen unerlässlich. Sie tragen zu Wachstum, Vermehrung und Ausbreitung von Individuen und Arten bei.

Symbiosen und Evolution

In einer endlichen Welt stoßen die Prozesse von Wachstum, Vermehrung und Ausbreitung, die u. a. durch Symbiosen ermöglicht werden, bekanntlich an Grenzen. Diese sind einerseits durch die abiotischen Ressourcen wie Nährstoffe, Energiezufuhr und Raum gegeben. Andererseits werden die Individuen bzw. Arten durch Fraß, Konkurrenz, Parasitismus und weitere biotische Faktoren eingeschränkt bzw. dezimiert. Diese Prozesse sind Teile des «Struggle for existence», den Darwin (1859) als Erster formuliert hat. Gemäß diesem «Kampf ums Dasein» setzen sich längerfristig jene Individuen durch, die mit ihrer abiotischen und biologischen Umwelt am besten zurechtkommen (Selektion durch die Umwelt). Diese Individuen haben dann die besten Überlebenschancen und somit im Durchschnitt am meisten Nachkommen, was langfristig zur Entstehung neuer Arten führen kann (biologische Evolution). Welche Faktoren dabei besonders wichtig sind, ist von Art zu Art und von Umwelt zu Umwelt verschieden. So kann körperliche Größe und Stärke unter bestimmten Bedingungen vorteilhaft sein, unter anderen sind es hingegen Kleinheit und Wendigkeit. Wie die vielen Beispiele in diesem Feldführer illustrieren, tragen auch die Symbiosen und die einseitig positiven zwischenartlichen Beziehungen zu einem hohen Überlebenswert bei und sind somit Teil der soeben beschriebenen biologischen Evolution. Diese Tatsache ist historisch gesehen lange Zeit unterschätzt worden.

12.2 Bedeutung der Symbiosen für den Menschen

Allgemeine Bedeutung

Aus der folgenden Abbildung wird ersichtlich, dass die Symbiosen und andere positive zwischenartliche Beziehungen insbesondere auch für den Menschen von existentieller Bedeutung sind. Die Pflanzen stehen im Zentrum, da sie durch die Fotosynthese die organischen Substanzen herstellen, von denen die Tiere, Pilze und viele Bakterien sowie auch die Menschen abhängig sind. Auf die Bedeutung der Symbiosen für die Ernährung des Menschen wird weiter unten eingegangen.

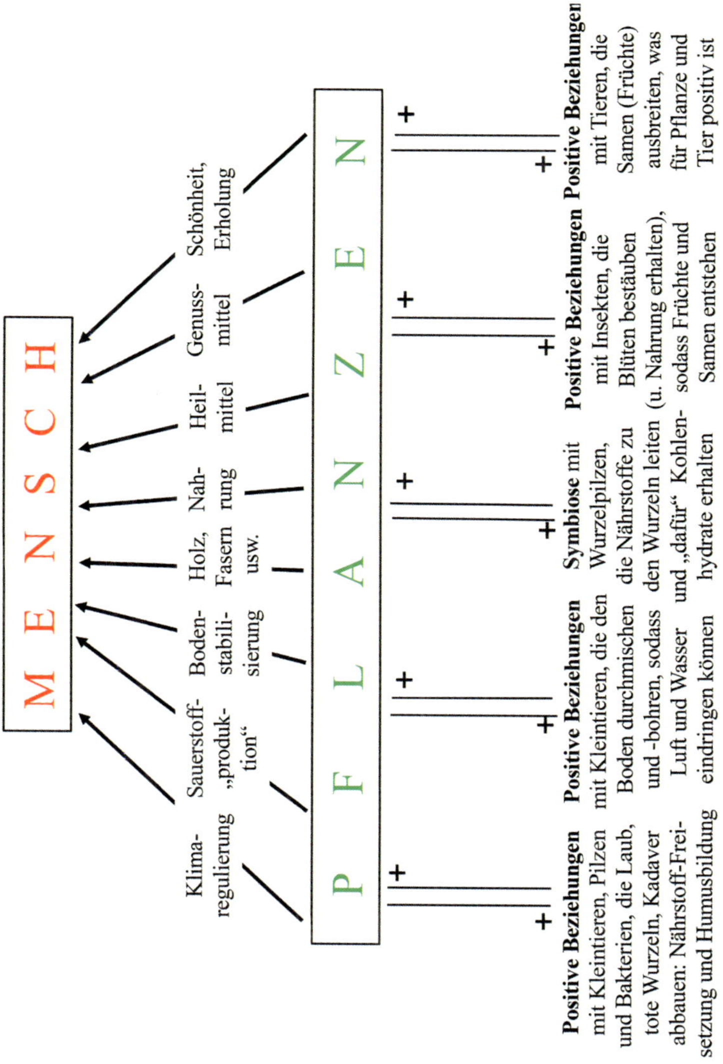

Zusätzlich zu diesen vorwiegend funktionalen Aspekten der Symbiosen sind noch weitere für den Menschen bedeutsame Gesichtspunkte zu nennen:

- Blüten und ihre symbiotischen Bestäuber sowie Früchte und Beeren erfreuen viele Menschen.
- Das Sammeln von Beeren sowie von Heil-, Gewürz- und anderen Pflanzen (die praktisch alle symbiotische Wurzelpilze haben) sowie von (meist symbiotischen) Pilzen ist ein beliebtes Hobby.
- Die Erholung des Menschen ist in Landschaften mit großer Vielfalt an Ökosystemen und Arten, also auch an Symbiosen größer als in Gebieten mit geringer Biodiversität (siehe z. B. Akademie der Naturwissenschaften Schweiz, 2019).

Die Liste solcher direkt und indirekt für den Menschen positiver, auch emotionaler Wirkungen der Symbiosen lässt sich leicht weiter fortführen.

Hinweise zum Naturschutz

Auf dieses wichtige Thema kann hier leider nur kurz eingegangen werden. Aus der Struktur der Symbiosen ergibt sich, dass die Schädigung eines Symbiosepartners oft auch eine Beeinträchtigung des anderen Partners und evtl. weiterer Arten zur Folge hat. Man kann von einer Kettenreaktion sprechen, die zur Beeinträchtigung der Biodiversität im betreffenden Gebiet führt. Andererseits ermöglicht die Kenntnis von Symbiosen auch, durch die Förderung eines Partners auch jene des anderen zu ermöglichen. Dazu müssen jedoch bestimmte ökologische Voraussetzungen vorhanden sein bzw. geschaffen werden, z. B. Erreichbarkeit und passende Standortbedingungen für den potenziellen Symbiosepartner sowie eine genügend große Population desselben. Bekannte Beispiele solcher Förderungen von Symbiosen sind: (a) Pflanzung von Hecken, insbesondere mit stachligen Beerenpflanzen, um bestimmten Vogelarten Lebensmöglichkeiten zu geben; (b) Förderung von Wildbienen und anderen Gliedertieren sowie Vertretern anderer Tiergruppen durch Ansaat von Wiesen, Blühstreifen und Buntbrachen sowie das Aufstellen von Insektenhotels; (c) Beschleunigung des Wachstums von Pflanzen auf kahlen Abraumhalden durch Zugabe von Sporen und Hyphen von Mykorrhizapilzen. Entsprechende Produkte sind im Handel erhältlich.

Analog zu einem im Naturschutz bekannten Leitsatz kann man sagen:

> «Nur wenn man die Symbiosen kennt, kann man sie auch schützen und fördern.»

Symbiosen und die Ernährung des Menschen

Angaben hierzu liefern die folgenden Zusammenstellungen mit Beispielen von Pflanzen, die in Mitteleuropa angebaut werden oder spontan vorkommen.

Insektenbestäubte Pflanzen und die Ernährung des Menschen:

- Etwa 75 % der rund 200 global wichtigsten Nahrungspflanzenarten sind auf Insekten als Bestäuber angewiesen (Klein et al., 2007).
- Etwa 35 % der globalen pflanzlichen Nahrungsmittel des Menschen beruhen ganz oder teilweise auf der Bestäubung durch Insekten, z. B. Bohnen und andere Hülsenfrüchte, Raps, Sonnenblumen, Senf, Tomaten, Obst, Beeren u. v. m. (Klein et al., 2007).
- 1000 Mrd. Euro/Jahr beträgt der geschätzte globale Wert der Nahrungsmittel, deren Produktion direkt auf die Bestäubung durch Insekten angewiesen ist (Lippert et al., 2021).
  In Deutschland sind es 2 Mrd. Euro/Jahr (Deutscher Imkerbund).
  In der Schweiz sind es 205–479 Mio. CHF/Jahr (Sutter et al., 2017).
- Zu diesen Ertragswerten ist zu addieren, dass auch die Produktion von Fleisch und Milchprodukten teilweise auf Pflanzen beruht, für deren Samenbildung die Insektenbestäubung unerlässlich ist, u. a. Klee, Luzerne und viele Weidepflanzen.

Nicht durch Insekten, sondern durch den Wind (oder Selbstbestäubung) bestäubt werden u. a. Getreide-, Gras- und grasähnliche Arten, Walnussbaum, Zuckerrübe, Mangold, Rote Bete (Randen) und Spinat.

Pflanzen mit symbiotischen Wurzelpilzen (Mykorrhizen) und die Ernährung des Menschen:

- Etwa 90 % der Nahrungspflanzenarten der Erde sind auf die Symbiose mit Wurzelpilzen angewiesen (Mykorrhiza).
- Billionen €/Jahr dürfte der geschätzte globale Wert der Nahrungsmittel betragen, für deren Produktion die Mykorrhiza-Symbiose wichtig bis unerlässlich ist; in der Schweiz dürften es einige Milliarden CHF/Jahr sein.
- Zu diesen Ertragswerten ist zu addieren, dass auch die Produktion von Fleisch und Milchprodukten großenteils auf Pflanzen beruht, die in Symbiose mit Wurzelpilzen leben, u. a. Getreide, Hülsenfrüchtler und viele Weidepflanzen.

Keine Mykorrhizen haben u. a. Raps, Rettich, Kohl-Arten, Zuckerrübe, Mangold, Rote Bete (Randen) und Spinat.

Anhand dieser Zusammenstellungen kann die Bedeutung von Symbiosen oder deren Fehlens erfasst werden, wenn man überlegt, wie eine Ernährung nur mit Pflanzen ohne Insektenbestäubung und ohne Mykorrhiza aussähe und ob die dann möglichen Menüs eine gesunde Ernährung gewährleisten.

Auch im Verdauungstrakt des Menschen spielen, wie bereits in Kap. 12.1 erwähnt, Symbiosen eine entscheidende Rolle.

Symbiose zwischen dem Menschen und seinen Nutzpflanzen bzw. -tieren?
Begon und Co-Autoren (1998, S. 332) geben auf diese Frage eine bemerkenswerte Antwort: «… die ökologisch schwerwiegendsten Mutualismen [d. h. Symbiosen] sind jene der menschlichen Landwirtschaft. Die Anzahl der Weizen-, Gerste-, Hafer-, Mais- und Reispflanzen sowie die von diesen Getreidearten bedeckten Flächen sind sehr viel größer als dies der Fall wäre, wenn diese Spezies nicht kultiviert worden wären […]. Eine vergleichbare mutualistische Beziehung hat der Mensch auch zu Rindern, Schafen und anderen Haustieren.» In der Landwirtschaft profitieren also beide, der Mensch und die Nutzpflanzen bzw. -tiere; somit liegt zwischen ihnen eine Symbiose vor. Ähnliches lässt sich auch über die Beziehung des Menschen zu Obstbaumarten und zu Weide- und Gartenpflanzen sagen sowie zur Honigbiene und zu weiteren Nutztieren (im Weiteren auch zu den Zuchtpilzen und bestimmten Bakterien). In diesem Zusammenhang hält der amerikanische Ökologe Daniel Janzen 1983 (S. 40) fest: «… humans … the most mutualistic of all organisms» (Menschen … die symbiotischsten aller Lebewesen).

Wird die Bedeutung der Symbiosen unterschätzt?
Diese Frage ist ungeachtet der oben zusammengestellten Fakten zu bejahen. Beispielsweise belegt Keddy (2001), dass in zwölf untersuchten Ökologie-Lehrbüchern die Symbiosen auf 4- bis 5-mal weniger Seiten beschrieben wurden als die Fraß-Beziehung und die Konkurrenz. Bronstein (2015) bemerkt, dass ein solches Ungleichgewicht im Wesentlichen weiterbesteht. Nentwig et al. (2017) stellen fest, dass es im englischsprachigen Web of Science (Internet der Wissenschaften, Stand 27.12.2016) etwa 24-mal weniger Nennungen von positiven zwischenartlichen Beziehungen gab als solche über negative, also Fraß, Konkurrenz und Parasitismus. Auch in der Allgemeinheit wird die Bedeutung der Symbiose und anderer positiver Beziehungen in der Natur unterschätzt. Keddy (2001) und Gigon (2021) stellten mehrere Gründe dafür zusammen:

1. An Symbiosen sind oft relativ kleine, wenig bekannte und oft im Verborgenen lebende Organismen bzw. Teile von ihnen beteiligt: Insekten, Pollenkörner, Samen, Pilzfäden und Bakterien. Bei diesen Symbiosen hat der Mensch keine so unmittelbaren Erlebnismöglichkeiten wie bei der Fraßbeziehung und der Konkurrenz z. B. zwischen den Weidetieren und ihren Nahrungspflanzen, den Schnecken und den Gemüsepflanzen, zwischen verschiedenen Vogelarten am Vogelhäuschen usw.

2. Der Mensch kämpft seit Jahrtausenden gegen die Natur: Jagd, Waldrodung, Bekämpfung von Parasiten, Unkräutern, Epidemien usw. Viele Menschen haben diesen Kampf offenbar derart stark verinnerlicht, dass sie in der Natur vorwiegend Kampf und Konkurrenz sehen.

3. Darstellungen von Symbiosen und positiven Beziehungen rufen meist weniger Interesse und Nervenkitzel hervor als Darstellungen von Räuber-Beute-Beziehungen, Konkurrenz und Wettkämpfen (siehe Tierfilme und Sport).

4. Ältere Beschreibungen von Symbiosen sind oft verniedlichend und romantisierend: Die fleißigen Bienchen, die Blüten bestäuben, oder das Eichhörnchen, das die versteckten Haselnüsse vergeblich sucht und so zur Ausbreitung des Haselstrauches beiträgt. Solche Verniedlichungen mögen manche Forscher davon abgehalten haben, sich für das Gebiet der Symbiosen zu interessieren.

5. Zahlreiche Menschen erleben im Alltag und im Berufsleben oft Konkurrenz, z. B. in der Mitarbeiterschaft, zwischen verschiedenen Ideologien, beim Kampf um Ressourcen usw. Diese Erfahrungen werden dann manchmal auf das Bild übertragen, das man sich von der Natur macht.

6. Eine weiterer von Keddy (2001) erwähnter Punkt ist, dass in der naturwissenschaftlichen Forschung eine männliche Dominanz herrscht. Seine Hypothese ist, dass, wären mehr Frauen in den oberen Rängen der wissenschaftlichen Disziplin der Ökologie mitbestimmend gewesen, die fördernden und kooperativen Beziehungen, also die Symbiosen, vermehrt untersucht worden wären.

7. Die Wichtigkeit von Symbiosen bemerkt man oft erst, nachdem sie gestört worden sind. Beispiel: das Insektensterben (d. h. die indirekte Ausrottung von Insekten), das auch Auswirkungen auf die Bestäubung hat.

Schluss
Die Ausführungen in diesem Buch bestätigen die auch von anderen Forschenden formulierte Feststellung, dass das landläufige Bild der Natur zu ergänzen ist. Stichworte hierzu zeigt die rechte Seite der folgenden Tabelle.

Landläufiges Bild der belebten Natur:	***Ergänzendes* Bild der belebten Natur:**
In der Natur sind Fraß, Konkurrenz und Parasitismus dominant und entscheidend.	**In der Natur sind auch die Symbiosen und die positiven zwischenartlichen Beziehungen entscheidend.**
«Kampf ums Dasein», Konkurrenz, «Recht des Stärkeren».	**«Kooperation ums Dasein»** (Arzt, 2019) **durch Symbiosen** und **positive Beziehungen.**
Darwin (1859): «Survival of the fittest», also **Überleben des Best-Angepassten,** was fälschlicherweise oft als **Überleben der Stärksten** interpretiert wird. Die Best-Angepassten **haben mehr Nachkommen.**	**«Fittest», also best-angepasst und erfolgreich sind auch jene Arten, die in Symbiosen und in positiven zwischenartlichen Beziehungen leben; auch diese Arten haben mehr Nachkommen.**
«Fressen-und-gefressen-Werden»	«Fördern-und-gefördert-Werden»

Ein umfassendes und sachgerechtes, also auch die Symbiosen und die positiven zwischenartlichen Beziehungen berücksichtigendes Bild der Natur kann beitragen zu einem

kooperativeren und partnerschaftlicheren Verhalten gegenüber der Natur.

Literaturverzeichnis, Apps und Links

Literaturverzeichnis

Um das Literaturverzeichnis nicht zu überladen, wurde z. T. darauf verzichtet, wissenschaftliche Arbeiten zu den einzelnen, im Feldführer beschriebenen Symbiosen zu zitieren. Mit den entsprechenden Stichwörtern können die betreffenden Publikationen meist leicht im Internet gefunden werden.

Bücher über Symbiosen (z. T. im Text zitiert)

Arzt V., 2019. *Kumpel & Komplizen. Warum die Natur auf Partnerschaft setzt.* Bertelsmann, München. 368 S.

Boucher D. H. (Hrsg.), 1985. *The biology of mutualism: ecology and evolution.* Croom Helm, London/Sydney. 388 S.

Brandstetter J. & Reichholf J. H., 2016. *Symbiosen. Das erstaunliche Miteinander in der Natur.* Matthes & Seitz, Berlin. 298 S.

Bronstein J. L. (Hrsg.), 2015. *Mutualism.* Oxford University Press, Oxford. 315 S.

Gigon A., 2021. *Symbiosen in unseren Wiesen, Wäldern und Mooren. 60 Typen positiver Beziehungen und ihre Bedeutung für den Menschen.* 2. Auflage. Haupt, Bern. 432 S.

Janzen D., 1985. *The natural history of mutualism.* In: Boucher (Hrsg.), 1985, S. 40–99.

Margulis L., 2018. *Der symbiotische Planet oder Wie die Evolution wirklich verlief.* Westend, Frankfurt/Main. 208 S.

Offenberger M., 2014. *Symbiose: Warum Bündnisse fürs Leben in der Natur so erfolgreich sind.* dtv, München. 158 S.

Zitierte Publikationen

Akademie der Naturwissenschaften Schweiz, 2019. *Biodiversität, eine Garantie für Gesundheit?* Swiss Academies Factsheet 14 (3). 6 S.

Begon, M. E. & al., 1998. *Ökologie.* Spektrum, Heidelberg/Berlin. 750 S.

Bühler-Cortesi T., 2019. *Schmetterlinge. Tagfalter der Schweiz.* 3. Auflage. Haupt, Bern. 238 S.

Darwin C., 1859. *On the Origin of Species by Means of Natural Selection, or the Preservation of Favoured Races in the Struggle for Life.* John Murray, London. 502 S.

Delarze R. & al., 2015. *Lebensräume der Schweiz. Ökologie – Gefährdung – Kennarten.* 3. Auflage. Ott, Bern. 456 S.

Deutscher Imkerbund. https://deutscherimkerbund.de/163-Bienen_Bestaeubung_Zahlen_die_zaehlen (abgerufen am 07.11.23).

Ellenberg H. & Leuschner C., 2010. *Vegetation Mitteleuropas mit den Alpen*. 6. Auflage. Ulmer, Stuttgart. 1334 S.

Eulfeld D., 2021. *Mikroorgasmen überall. Von der Raffinesse und Mannigfaltigkeit der Natur vor unserer Haustür*. Eichborn, Köln. 350 S.

Flück M., 2021. *Pilzführer Schweiz*. 4. Auflage. Haupt, Bern. 304 S.

Fricke E. C. & al., 2022. *The effects of defaunation on plants' capacity to track climate change*. Science 375 (6577): 210–214.

Gigon A., 1971. *Vergleich alpiner Rasen auf Silikat- und auf Karbonatboden*. Veröffentlichungen des Geobotanischen Institutes der Eidg. Techn. Hochschule, Stiftung Rübel, in Zürich, Band 48, 159 S.

Gigon A., 1994. *Positive Interaktionen bei Pflanzen in Trespen-Halbtrockenrasen*. Verhandlungen der Gesellschaft für Ökologie 23: 1–6.

Gigon A. & Gigon-Fehér M., 2022. *Symbiosen in Pfeifengras-Streuewiesen*. In: Gartmann F. & Auderset F. (Hrsg.). *Der Greifensee*. Neujahrsblatt 2022 der Naturforschenden Gesellschaft Zürich, S. 120–136.

Gigon A. & Leutert A., 2003. *Interaktionen zwischen der Feldmaus, Microtus arvalis, und 114 Pflanzenarten von Halbtrockenwiesen in der Nordschweiz*. Berichte der Reinhold-Tüxen-Gesellschaft, Hannover, 15: 49–57.

Gigon A. & Ryser P., 1986. *Positive Interaktionen zwischen Pflanzenarten. I. Definition und Beispiele aus Grünland-Ökosystemen*. Veröffentlichungen des Geobotanischen Institutes der Eidg. Techn. Hochschule, Stiftung Rübel, in Zürich, Band 87: 372–387.

Heitzmann A. & Zwahlen R. (Hrsg.), 1987. *Tierkunde*. Sabe, Verlagsinstitut für Lehrmittel, Zürich. 288 S.

Keddy P. A., 2001. *Competition*. 2. Auflage. Kluwer, Dordrecht/Boston/London. 552 S.

Klein A.-M. & al., 2007. *Importance of pollinators in changing landscapes for world crops*. Proceedings of the Royal Society B. 274: 303–313.

Landolt E. & al., 2010. *Flora indicativa. Ökologische Zeigerwerte und biologische Kennzeichen zur Flora der Schweiz und der Alpen*. Haupt, Bern. 376 S.

Lauber K. & al., 2024. *Flora Helvetica*. 7. Auflage. Haupt, Bern. 1696 S.

Lippert C. & al., 2021. *Revisiting the economic valuation of agricultural losses due to large-scale changes in pollinator populations*. Ecological Economics 180: 1–14.

Nentwig W. & al., 2017. *Ökologie kompakt*. 4. Auflage. Springer, Berlin. 369 S.

Schaefer M., 2012. *Wörterbuch der Ökologie*. 5. Auflage. Spektrum, Heidelberg. 379 S.

Svensson I. & al., 1999. *Kosmos Vogelführer*. Kosmos, Stuttgart. 400 S.

Vicentini H., 1998. *Teich- und Flussmuscheln (Unionidae) in der Schweiz, mit besonderer Berücksichtigung des Kantons Schaffhausen*. Mitteilungen der Naturforschenden Gesellschaft Schaffhausen 43: 35–61.

Wang B. & Qiu Y. L., 2006. *Phylogenetic distribution and evolution of mycorrhizas in land plants*. Mycorrhiza 16 (5): 299–363.
Wildermuth H., 2022. *Zur Bedeutung des Teufelsabbiss Succisa pratensis Moench (Caprifoliaceae) für Insekten und Spinnen (Insecta, Arachnida)*. Entomo Helvetica 15: 73–90.
Willems, J. H. & Huijsmans, K. G. A.,1994. *Vertical seed dispersal by earthworms: a quantitative approach*. Ecography 17: 124–130.
Willis K. (Hrsg.), 2017. *State of the World's Plants 2017. Report*. Royal Botanic Gardens Kew, London. 100 S.

Bücher und Publikationen als Hilfsmittel für die Naturbeobachtung

Gerber M., 2017. *BirdLife-Lehrgang Exkursionsleitung*. BirdLife Schweiz, Zürich. 275 S. + Anhang mit 192 S.
Gigon A. & al., 2004. *Kurzpraktikum Terrestrische Ökologie*. 2. Auflage. vdf Hochschulverlag, Zürich. 157 S.
Greif S., 2022. *Die Natur in der Tasche. Apps im Vergleich, Teil 1: Vögel*. Ornis 6/22: 21–23.
Greif S., 2023. *Was blüht und zirpt denn da? Apps im Vergleich, Teil 2: Tiere und Pflanzen (ausser Vögel)*. Ornis 1/23: 46–48.
Greif S., 2023. *Beobachtungen per App melden. Apps im Vergleich, Teil 3: Datenerfassung*. Ornis 2/23: 37–39.
Lüder R. & F., 2015. *Die geheimnisvolle Welt der Pilze. Das Natur-Mitmachbuch für Kinder*. Haupt, Bern. 128 S.
NABU-naturgucker, 2022. *Praxisbuch Naturgucken. Informationen, Tipps und Tricks für Naturbegeisterte*. Haupt, Bern. 192 S.
Oftring B., 2010. *Das Becherlupen-Forscherbuch*. Moses, Kempen. 95 S.
Wüst M. & al., 2015. *Handbuch Vogelexkursionen*. 2. Auflage. BirdLife Zürich. 243 S.

Apps

Diese Zusammenstellung basiert zu einem Teil auf den Artikeln von Stefan Greif in der Zeitschrift Ornis (6/22, 1/23 und 2/23) von BirdLife Schweiz, in denen die entsprechenden Apps ausführlich beschrieben und gewürdigt werden.

Mehrere der folgenden Apps haben auch Verknüpfungen mit den unten genannten Links.

Tiere

BirdLife Schweiz: kostenlose Grundvariante zur Bestimmung aller regelmäßig in der Schweiz vorkommenden Vogelarten inkl. Filterfunktion zur Eingrenzung; kostenpflichtige Zusätze: Stimmen-/Kartenpaket (CHF 6.–/Jahr) oder All-in-One-Paket zusätzlich mit Eiern, Filmaufnahmen und 3-D-Modellen, CHF 4.–/Monat oder CHF 28.–/Jahr.

Bodentier hoch 4: vermittelt einen Einblick in wichtige Bodentiergruppen; KBS GmbH, kostenlos.

Butterflynder: alle Tagfalter der Schweiz, Deutschlands, Frankreichs, Italiens und Griechenlands, viele hilfreiche Informationen; Garozzo GmbH, CHF 15.–.

Die Stimmen der Vögel Europas: sehr gute Möglichkeit, Rufe und Gesänge zu erlernen; Aula Verlag, CHF 20.–.

Kosmos Vogelführer: App zum ausgezeichneten Standardwerk; NatureGuides, CHF 15.–.

Libellen Id Europa: Bestimmungsmöglichkeiten, ausgezeichnete Informationen zu allen 164 Libellenarten Europas, Einschränkung auf bestimmte Gebiete möglich; sunbird images (Mullen & Pohland GbR), CHF 30.–.

Merlin Bird ID: ermöglicht gute automatische Bestimmung aufgrund von Fotos und Gesang; Cornell Lab of Ornithology, kostenlos.

NABU Insektensommer: 457 Portraits von Insekten Deutschlands, Zusatzinformationen und Meldemöglichkeit, kostenlos.

NABU Vogelwelt: Vögel Deutschlands bestimmen, registrieren, melden; NABU, kostenlos. Ausbau durch kostenpflichtige Zusatzfunktionen (Stimmen, Eier, Filmclips, automatische Bild- und Stimmerkennung), Euro 5.– bis Euro 25.–.

Orthoptera.ch: ausführliche Portraits aller Heuschreckenarten der Schweiz und Deutschlands, Gesänge und Oszillogramme; Garozzo GmbH, CHF 15.–.

sCHmetterling: häufigste Tagfalter (und einige tagaktive Nachtfalter) der Schweiz, Süddeutschlands und Österreichs bestimmen, für Einsteiger und Fortgeschrittene; Hugo Stalder, CHF 2.–.

Schmetterling Id: Bestimmung der Tagfalter Deutschlands, Österreichs und der Schweiz nach Formen und Farbe; sunbird images (Mullen & Ponland GbR), iOS, Euro 5.–; Zusatz-Paket zur Foto-Erkennung.

Stuarts European Mammals: für Anfänger und Experten; mydigitalearth.com, nur englisch, Euro 20.–.

Vögel in Österreich: Bestimmungstafeln speziell für Österreich; sunbird images, kostenlos.

Vogelstimmen Europas: wohl beste und umfangreichste Vogelstimmen-Sammlung für Europa (Mullen & Pohland GbR), CHF 65.–.

Webfauna: Bestimmungsschlüssel, Artenportrait und Meldemöglichkeit für Säugetiere, Reptilien, Amphibien und deren Larven, Libellen und Weichtiere der Schweiz; CSCF, kostenlos.

Wildbienen Id: häufigste und auffälligste 101 Arten Deutschlands; sunbird images (Mullen & Pohland GbR), kostenlos.

Pflanzen

FlorApp: ermöglicht die Erfassung aller in der Schweiz wild vorkommenden Blütenpflanzen, Farne, Moose sowie Pilze, Flechten und Armleuchteralgen und erkennt dank der Kombination von Bild- und Geodaten zum Fundort mit hoher Zuverlässigkeit rund 3000 Pflanzenarten; deutsch, französisch, italienisch und englisch; Info Flora, kostenlos.

Flora Helvetica: Standardwerk mit Bildern und umfassenden Informationen zu über 3250 Blüten- und Farnpflanzenarten der Schweiz sowie mit drei verschiedenen Bestimmungsschlüsseln, einer davon mit automatischer Erkennung via Foto (Zusammenarbeit mit Flora Incognita); Haupt Verlag, CHF 100.–, kostenpflichtige Zusätze.

Flora Incognita: fotobasierte Erkennung von über 4800 Pflanzenarten; Patrick Maeder, kostenlos.

iGräser: erleichtert den Einstieg in die Bestimmung rund der Hälfte der Grasarten der Schweiz, GPS-Nutzung bewertet die Wahrscheinlichkeit des Vorkommens; ZHAW IAS, kostenlos.

PlantNet: automatische Erkennung von Pflanzenarten, Überprüfung und Validierung durch andere Nutzer:innen; Cirad-France, kostenlos.

Tauchen-App Wasserpflanzen: Bestimmung und Beschreibung der 124 häufigsten Wasserpflanzen Mitteleuropas für Taucher:innen und vom Gewässerrand aus; naturgucker.de, kostenlos.

Pilze

Pilzführer Schweiz: Bestimmungsschlüssel, Informationen zu Merkmalen, Vorkommen, Verwechslungsgefahr, Speisewert von über 500 Arten; sunbird images (Mullen & Pohland GbR), CHF 18.–.

PilzSnap: Foto-Pilzerkennung, behandelt sehr umfassend und reich bebildert 500 häufige und auffällige Arten; sunbird images (Mullen & Pohland GbR), CHF 20.–.

Links

Die Anzahl von Links zum Bestimmen und Melden von Tieren, Pflanzen und Pilzen ist riesig; deshalb folgen hier nur einige Hinweise, die erlauben, sich erste Einblicke in die Vielfalt der Möglichkeiten zu verschaffen. Auch bei mehreren der oben erwähnten Apps sind Informationen zu Arten, Ökosystemen usw. direkt und kostenlos einsehbar.

Tiere

bee-finder.ch: ausgezeichnete Zusammenstellung zu Vorkommen, Lebensraum, Niststruktur, Pollenquellen und unterstützenden Pflanzen für über 570 Wildbienen-Arten an jedem Ort in der Schweiz; Ziel: Förderung einheimischer Wildbienen mithilfe möglichst präziser Pflanzempfehlungen für Balkon- und Gartenbesitzer:innen, Firmen, Gemeinden und Landwirt:innen.

biofotoquiz.ch: Pflanzen, Säugetiere (ohne Fledermäuse), Amphibien und Reptilien, Fische, Schmetterlinge, Libellen, Heuschrecken: Arten erkennen lernen, üben (Anfänger, Fortgeschrittene, Experten); Patronat Naturama Aarau.

infofauna.ch: Bestimmungsschlüssel, Fotos, Rote Listen und weitere Informationen zu Säugetieren, Reptilien, Amphibien und deren Larven, Fischen, Mollusken, Libellen, Tagfaltern, Widderchen, Nachtfaltern, Käfern, Heuschrecken, Stechimmen und weiteren Tiergruppen (deutsch, z. T. auch auf Französisch und Italienisch).

infospecies.ch: umfassende Informationen zu Verbreitung und Ökologie von wild lebenden Arten in der gesamten Schweiz: zahlreiche Gruppen von Tieren sowie Pflanzen (inkl. Moose), Pilze, Flechten; benutzerfreundliche Bestimmungsschlüssel; Meldeplattform.

nabu.de: große Vielfalt an Informationen über Tiere, Pflanzen und Pilze sowie Natur und Landschaft; Meldeplattform.

www.naturgucker.at: Netzwerk für Tier-, Pflanzen- und Pilzbeobachtungen weltweit, große Anzahl Fotos.

www.naturgucker.de: riesige Vielfalt an Informationen über Tiere, Pflanzen und Pilze.

www.zobodat.at: ZOologisch-BOtanische DATenbank, beinhaltet Informationen zu Tier-, Pflanzen-, Pilz- und Flechtenarten, zudem Biografien, digitalisierte Literatur sowie unterstützende digitale Bibliotheken (siehe auch unten).

Pflanzen

floraweb.de: breites Spektrum an Informationen zu über 4000 Farn- und Blütenpflanzenarten Deutschlands sowie zu Lebensgemeinschaften und Artenschutz; Bundesamt für Naturschutz (BfN).

infoflora.ch: Online-Feldbuch zu Farn- und Blütenpflanzen; u.a. Erfassen von Fundmeldungen zum Aufbau einer nationalen Datenbank; Nationales Daten- und Informationszentrum der Schweizer Flora.

www.moose-deutschland.de; www.zobodat.at; swissbryophytes.ch: Informationen zu Moosen, Bestimmungsschlüssel; Verbreitungsatlas, Rote Listen, Meldeplattform.

pflanzen-bestimmung.de: Bestimmen von Pflanzen anhand einfacher Merkmale und mithilfe von Bildern von infrage kommenden Arten.

Pilze

www.pilze-deutschland.de; myk.univie.ac.at/pilzdatenbank; swissfungi.ch: Informationen zu Pilzen, Bestimmungsschlüssel; Verbreitungsatlas, Rote Listen, Meldeplattform.

Flechten

www.flechten-deutschland.de; www.zobodat.at; swisslichens.ch: Informationen zu Pilzen, Bestimmungsschlüssel; Verbreitungsatlas, Rote Listen, Meldeplattform.

Dank

In erster Linie danken wir unseren Ehefrauen Maria Gigon und Claudia Stauffer für zahlreiche wertvolle Gespräche und kritisch-konstruktive Kommentare zum Manuskript sowie für viel Geduld. Maria hat zudem die Synthesezeichnungen der Ökosysteme mitgestaltet und reingezeichnet. Gabriela Bortot vom Haupt Verlag hat das Buchprojekt fachlich begleitet und uns dabei zahlreiche wertvolle Hinweise gegeben sowie Korrekturen ausgeführt. Ihr und allen im Folgenden genannten Personen danken wir herzlich.

Claudia Huber, Erfurt, und Beat Gigon, Binningen, sowie Angelika Jenny, Rodersdorf, haben das gesamte Manuskript durchgearbeitet und korrigiert. Peter und Ruth Bolliger, Wetzikon, Beat Wermelinger, WSL Birmensdorf, Michael Wiesner, Elsau, sowie Hansruedi Wildermuth, Rüti, haben uns mehrere Fotos zur Verfügung gestellt. Einzelne Fotos oder wichtige Informationen verdanken wir Hans Bänziger, Chiang Mai, Thailand; Heide Blum, D-Lüchow; Jean Claessens, NL-Geulle; Thomas Bühler-Cortesi, Chur; Karl Dülli, Egg; Simon Egli, WSL Birmensdorf; Hallvard Elven, Naturhistorisk Museum, N-Oslo; Andreas Erni, Stäfa; Aurel Fehér, Zürich; Josef Fischer, Rottenschwil; Isabelle Flöss, Zürich; Stefan Greif, Birdlife Schweiz, Zürich; Roland Günter, D-Estenfeld; Anni Heitzmann, Bern; Katja Jacot, Zürich; Friedrich Jansenberger, D-Forchtenstein; Rita Lüder, D-Neustadt; Noemie Lüthi, Egg; Klaus Lunau, D-Mettmann; Christian Marti, Vogelwarte Sempach; Reinhold Möller, D-Bamberg; Elisabeth Ortner, A-Salzburg; Iris Prey, D-Plech; Norbert Schneider, D-Pfullingen; Peter Schwarz, D-Darmstadt; Verein Naturnetz, Schlieren; Heinrich Vicentini, Zürich; Tomáš Vrána, CZ-Prag; Wildbienen + Partner, Zürich.

Schließlich sei allen Fotografinnen und Fotografen gedankt, die auf Wikimedia Commons Bilder kostenlos zur Verfügung stellen.

Bildnachweis

WikiCom = Wikimedia Commons

Umschlag vorne: siga, WikiCom, CC-BY-SA-3.0
Umschlag hinten: Andreas Gigon; ausser: Amsel: nottsexminer, WikiCom, CC-BY-SA-2.0; Feldmaus: Dieter TD, WikiCom, CC-BY-SA-3.0

1 Einleitung

S. 12: Victor M. Vicente Selvas, WikiCom, PD; **S. 16:** Andreas Gigon; **S. 19:** Andreas Gigon.

2 Sechs häufige Symbiosen und ihre ökologische Bedeutung

S. 23 Biene: Ivar Leidus, WikiCom, CC-BY-SA-4.0; **Hummel:** Ivar Leidus, WikiCom, CC-BY-SA-4.0; **Falter:** Robert Kindermann, WikiCom, CC-BY-SA-3.5; **Taubenschwänzchen:** Jerzy Strzeleck, WikiCom, CC-BY-SA-3.0; **Käfer:** Pixabay; **S. 24:** Schematische Darstellung einer Blüte (nach Meyers Konversationslexikon 1888). Eigene Zeichnung. Remade to SVG by Petr Dlouhý, WikiCom, CC-BY-SA-3.0; **S. 27:** Hans Stuessi, WikiCom, CC-BY-SA-4.0; **S. 29:** Simon Egli; **S. 31:** Andreas Erni; **S. 32 links:** Frank Vincentz, WikiCom, CC-BY-SA-3.0; **rechts:** Ivar Leidus, WikiCom, CC-BY-SA-3.0; **S. 33:** Meyers Konversations-Lexikon (1885–1890), 6. Band der 4. Auflage, WikiCom, PD; **S. 34:** Taka itaha, WikiCom, CC-BY-SA-3.0.

3 Stadtnatur

S. 36: Herbert Ortner, WikiCom, CC-BY-SA-1.0; **S. 37 oben:** SeSchu, WikiCom, CC-BY-SA-4.0; **unten:** Andreas Gigon; **S. 38: Gänseblümchen:** M. Dolores Paderne Sanchez, WikiCom, CC-BY-SA-3.0; **Schlüsselblume:** GT 1976, WikiCom, CC-BY-SA-4.0; **Schneeglöckchen:** F. und C. Stauffer; **Braunelle:** Andreas Gigon; **Blaustern:** Felix Stauffer; **Krokus:** Claudia Stauffer; **Ehrenpreis:** Robert Flogaus-Faust, WikiCom, CC-BY-SA-4.0; **S. 39: Linde:** Ivar Leidus, WikiCom, CC-BY-SA-4.0; **Robinie:** 4028mdk09, WikiCom, CC-BY-SA-3.0; **Lorbeer-Kirsche:** Karduelis, WikiCom, PD; **Spierstrauch:** Kenpei, WikiCom, CC-BY-SA-3.0; **Taubenschwänzchen:** Thomas Bresson, WikiCom, CC-BY-SA-3.0; **Rosskastanienblüte:** Andreas Gigon; **S. 40 oben:** Bernd Willer, WikiCom, CC-BY-SA-4.0; **unten:** Jansenberger Fotografie; **S. 41 oben:** Wildbiene + Partner, Zürich; **unten:** nottsexminer, WikiCom, CC-BY-SA-2.0; **S. 42: Mistel:** Andreas Gigon; **Mönchsgrasmücke:** Charles J. Sharp, WikiCom, CC-BY-SA-4.0; **S. 43: Nelkenwurz:** Andreas Gigon; **Fruchtstand:** Randy A. Nonenmacher, WikiCom, CC-BY-SA-3.0; **Schöllkraut:** Andreas Gigon; **Samen:** Stefan.laefner, WikiCom, CC-BY-SA-3.0; **S. 44 oben:** Andreas Gigon; **unten:** Lord Mayonnaise, WikiCom, CC-BY-SA-3.0; **S. 45 oben:** Forest and Kim Starr, WikiCom,

CC-BY-SA-3.0; **unten:** Uoaei1, WikiCom, CC-BY-SA-4.0; **S. 46 oben:** Trachemys, WikiCom, CC-BY-SA-3.0; **unten:** Herwig Winter, WikiCom, CC-BY-SA-4.0; **S. 47 links:** Aconcagua, WikiCom, CC-BY-SA-3.0; **rechts:** Aung, WikiCom, PD; **S. 48: Biene:** Pjt56, WikiCom, CC-BY-SA-4.0; **Efeubeeren:** Andreas Gigon; **Wurzelpilz:** Ellen Larsson, WikiCom, CC-BY-2.5; **Efeublätter:** Sannicolasdeugarte, WikiCom, CC-BY-SA-3.0; **Springschwanz:** Andy Murray, WikiCom, CC-BY-SA-2.0; **Amselnest:** Trachemys, WikiCom, CC-BY-SA-3.0; **Efeu an Baum:** Andreas Gigon; **S. 49:** Kullerkopf, WikiCom, CC-BY-SA-3.0; **S. 50: Raupe:** Andreas Eichler, WikiCom, CC-BY-SA-4.0; **Puppe:** Gilles San Marin WikiCom, CC-BY-SA-2.0; **Flügelunterseite:** Andreas Eichler, WikiCom, CC-BY-SA-4.0; **Flügeloberseite:** Mkummer, WikiCom, CC-BY-SA-3.0; **Ameise:** viamoi, WikiCom, CC-BY-SA-2.0; **S. 51 beide:** Andreas Gigon; **S. 52: Regenwurmhäufchen:** Andreas Gigon; **Regenwurm und Blatt:** Andreas Gigon; **Regenwurm:** Donald Hobern, WikiCom, CC-BY-SA-2.0; **Regenwurmröhre:** USDA, PD.

4. Wald

S. 54: Peter Bolliger; **S. 55: Flechte:** Uoaei1, WikiCom, CC-BY-SA-4.0; **Moos:** Aconcagua, WikiCom, CC-BY-SA-3.0; **Pilz:** Onderwijsgek, WikiCom, CC-BY-SA-3.0; **Buche:** Jean-Pol Grandmont, WikiCom, CC-BY-SA-3.0; **Springschwanz:** Andy Murray, WikiCom, CC-BY-SA-2.0; **Nest:** Lokilech, WikiCom, CC-BY-SA-3.0; **Eichelhäher:** Norbert Schneider; **Maus:** Evan James Shymko, WikiCom, CC-BY-SA-3.0; **S. 56: Vogel-Kirsche:** Dontworry, WikiCom, CC-BY-SA-4.0; **Ahorn:** Andreas Gigon; **Linde:** Emöke Dénes, WikiCom, CC-BY-SA-4.0; **Heckenkirsche:** Forrax, WikiCom, CC-BY-SA-3.0; **S. 57: Busch-Windröschen:** Ivar Leidus, WikiCom, CC-BY-SA-4.0; **Waldmeister:** Hajotthu, WikiCom, CC-BY-SA-3.0; **Teufelskralle:** Jean-Pol Grandmont, WikiCom, CC-BY-SA-3.0; **Stendelwurz:** Peter und Ruth Bolliger; **Bärlauch:** Felix Stauffer; **Salomonssiegel:** Borealis55, WikiCom, CC0 1.0; **Sauerklee:** Jörg Hempel, WikiCom, CC-BY-SA-3.0; **S. 58: Kirschbaum:** Ermell, WikiCom, CC-BY-SA-4.0; **Heckenkirsche:** Isidre Blanc, WikiCom, CC-BY-SA-4.0; **Salomonssiegel:** Agnieszka Kwiecien, WikiCom, CC-BY-SA-4.0; **Elaiosom:** Stefan.lefnaer, WikiCom, CC-BY-SA-4.0; **Veilchen:** Jörg Hempel, WikiCom, CC-BY-SA-3.0; **S. 59 links:** Andreas Gigon; **rechts:** Jörg Hempel, WikiCom, CC-BY-SA-2.0; **S. 60 beide:** Rita Lüder; **S. 61: Nadelbaum:** Ivar Leidus, WikiCom, CC-BY-SA-3.0; **Mykorrhiza:** Ellen Larsson, WikiCom, CC-BY-2.5; **Fliegenpilz:** Onderwijsgek, WikiCom, CC-BY-SA-3.0; **Bodentiere:** Andy Murray, WikiCom, CC-BY-SA-2.0; **Eichhörnchen:** Dellex, WikiCom, CC-BY-SA-2.0; **Pilz mit Schnecke:** Karl Dülli; **S. 62 links:** DirkVE, WikiCom, CC-BY-SA-3.0; **rechts:** Andreas Kunze, WikiCom, CC-BY-SA-3.0; **S. 63: Totholz:** Botaurus-stallaris, WikiCom, PD; **Schmalbock:** Siegfried Keller, ETHZ-pics, CC-BY-SA-4.0; **Larve:** Kurt Kulac, WikiCom, CC-BY-SA-2.5; **Prachtkäfer:** Beat Wermelinger; **Rossameise:** Beat Wermelinger; **Assel:** André Karwath,

WikiCom, CC-BY-SA-2.5; **Nagekäfer:** Beat Wermelinger; **S. 64 links:** Donald Hobern, WikiCom, CC-BY-SA-2.0; **Mitte:** Dean Morley, Flickr, CC-BY-ND-2.0; **rechts:** Donald Hobern, WikiCom, CC-BY-SA-2.0; **unten:** Luc Viatour, WikiCom, CC-BY-SA-2.0; **S. 66: Abendsegler:** Mnolf, WikiCom, CC-BY-SA-3.0; **Siebenschläfer:** Michael Hanselmann, WikiCom, CC-BY-SA-3.0; **Hornisse:** BlueBreeze, WikiCom, CC-BY-SA-3.0; **Specht:** Perersberg, WikiCom, CC-BY-SA-2.0; **Kohlemeise:** Rosember, WikiCom, CC-BY-SA-4.0; **Star:** Raphael Kurz; **Eichhörnchen:** Hedera baltica, WikiCom, CC-BY-SA-2.0; **S. 67: Waldmeister:** Andreas Gigon; **Fliege:** Amada 44, WikiCom, CC-BY-SA-3.0; **Reh:** H. M. Antson, WikiCom, CC-BY-SA-4.0; **Käfer:** Ragnar1904, WikiCom, CC-BY-SA-4.0; **Himbeere:** Aiwok, WikiCom, CC-BY-SA-3.0; **Tollkirsche:** H. Zell, WikiCom, CC-BY-SA-3.0; **S. 68 links:** W. Zimmerling, WikiCom, CC-BY-SA-4.0; **rechts:** Roland Günter; **unten:** Sebastian Offergeld, WikiCom, CC-BY-SA-4.0; **S. 69 oben:** Luis Fernandez Garcia, WikiCom, CC-BY-SA-2.5; **unten:** NaCl58, WikiCom, CC-BY-SA-4.0; **S. 70:** Jagrü, WikiCom, CC-BY-SA-4.0; **S. 73:** Andreas und Maria Gigon.

5. Waldrand, Hecke, Krautsaum

S. 74: Albert Krebs, ETHZ-pics, CC-BY-SA-4.0; **S. 76: Weide:** Albert Krebs, ETHZ-pics, CC-BY-SA-4.0; **Schlehdorn:** Le.Loup.Gris, CC-BY-SA-3.0; **Weißdorn:** Albert Krebs, ETHZ-pics, CC-BY-SA-4.0; **Hartriegel:** Andreas Gigon; **Schmerwurz:** Carsten Niehaus, WikiCom, CC-BY-SA-3.0; **Holunder:** Andreas Gigon; **Rose:** Andreas Gigon; **Liguster:** Lazaregagnidze, WikiCom, CC-BY-SA-3.0; **Hummel:** Albert Krebs, ETHZ-pics, CC-BY-SA-4.0; **Weißling:** Albert Krebs, ETHZ-pics, CC-BY-SA-4.0; **Kaisermantel:** Albert Krebs, ETHZ-pics, CC-BY-SA-4.0; **Landkärtchen:** Michael Wiesner; **S. 77 links:** Ivar Leidus, WikiCom, CC-BY-SA-3.0; **rechts:** Andreas Gigon; **unten:** Albert Krebs, ETHZ-pics, CC-BY-SA-4.0; **S. 78: Holunder:** siga, WikiCom, CC-BY-SA-3.0; **Aronstab:** Kristian Peters, WikiCom, CC-BY-SA-3.0; **Abortfliege:** Erwin Meier, WikiCom, CC-BY-SA-3.0; **S. 79: Heckenkirsche:** Andrew Bossi, WikiCom, CC-BY-SA-2.5; **Schneeball:** Kalina Koralowa, WikiCom, CC-BY-SA-3.0; **Schmerwurz:** Hectonichus, WikiCom, CC-BY-SA-3.0; **Pfaffenhütchen:** H. Zell, WikiCom, CC-BY-SA-3.0; **Himbeere:** Hedwig Storch, WikiCom, CC-BY-SA-3.0; **Berberitze:** Algirdas, WikiCom, PD; **S. 81 gross:** Andreas Gigon; **klein:** Fornax, WikiCom, CC-BY-SA-3.0; **S. 82: Weißdorn mit Biene:** 4028mdk09, WikiCom, CC-BY-SA-3; **Amsel:** Pixabay; **Weißdornbeeren:** Grispix, Flickr, CC-BY-SA-2.0; **Mykorrhiza:** Ellen Larsson, WikiCom, CC-BY-2.5; **Weißdornblüten:** Hubi's nature, Flickr, CC-BY-SA-2.0; **Springschwanz:** Andy Murray, WikiCom, CC-BY-SA-2.0; **Goldammer:** Charles J. Sharp, WikiCom, CC-BY-SA-4.0; **Nest:** WWalas, WikiCom, CC-BY-SA-4.0; **Dorn:** Stefan.laefner, WikiCom, CC-BY-SA-4.0; **S. 83:** Andreas Gigon; **S. 84:** Andreas Gigon; **S. 85 links:** André Karwath, WikiCom, CC-BY-SA-2.5;

rechts: Thomas Bresson, WikiCom, CC-BY-SA-2.0; **unten:** Rpoth, WikiCom, CC-BY-SA-3.0; **S. 86 links:** Frank Vassen, WikiCom, CC-BY-2.0; **rechts:** Gailhampshire, WikiCom, CC-BY-SA-2.0; **S. 87:** Sande, WikiCom, CC-BY-SA-3.0.

6. Düngewiese (Fettwiese)

S. 88 beide: Andreas Gigon; **S. 89:** Felix Stauffer; **S. 90: Gänseblümchen:** Felix Stauffer; **Schaumkraut:** Mariofan13, WikiCom, CC-BY-SA-3.0; **Löwenzahn:** Felix Stauffer; **Hahnenfuß:** Felix Stauffer; **Günsel:** Ivar Leidus, WikiCom, CC-BY-SA-4.0; **Ehrenpreis:** ArtMechanic, WikiCom, CC-BY-SA-3.0; **Kerbel:** Albert Krebs, ETHZ-pics, CC-BY-SA-4.0; **Pippau:** Michael Wiesner; **Rot-Klee:** Felix Stauffer; **Kriechender Klee:** Ivar Leidus, WikiCom, CC-BY-SA-4.0; **Margerite:** Felix Stauffer; **Bärenklau:** Andreas Gigon; **S. 91 oben:** Felix Stauffer; **unten:** Stefan Lefnaer, WikiCom, CC-BY-SA-3.0; **S. 92:** Felix Stauffer; **S. 94: Geilstellen:** Andreas Gigon; **Klee-Samen:** Tracea Slotta, WikiCom, PD; **Glatthafersamen:** Steve Hurst, WikiCom, PD; **Fadenwürmer:** Entomolgy CSIRO, WikiCom, CC-BY-SA-3.0; **Kuhfladen:** Andreas Gigon; **Dungkäfer:** James Lindsay, WikiCom, CC-BY-SA-3.0; **Dungfliegen:** James Lindsay, WikiCom, CC-BY-SA-3.0; **Amsel:** Olaf Mertens; **S. 95:** Andreas Gigon; **S. 96 links:** G.-U. Tolkiehn, WikiCom, CC-BY-SA-2.5; **rechts:** Andreas Trepte, WikiCom, CC-BY-SA-2.5; **unten:** Andreas Gigon; **S. 97:** Andreas und Maria Gigon.

7. Magerwiese

S. 98: Verein Naturnetz, Schlieren; **S. 99: Veilchen:** Petr Filippov, WikiCom, CC-BY-SA-3.0; **Schlüsselblume:** H. Zell, WikiCom, CC-BY-SA-3.0; **Knabenkraut:** Michael Wiesner; **Witwenblume:** Andreas Gigon; **Thymian:** Josef Fischer; **Sonnenröschen:** Michael Wiesner; **Flockenblume:** Michael Wiesner; **Skabiose:** Peter und Ruth Bolliger; **Schafgarbe:** Felix Stauffer; **Ziest:** Michael Wiesner; **S. 100:** Ivar Leidus, WikiCom, CC-BY-SA-4.0; **S. 101: Rot-Klee:** Ivaer Leidus, WikiCom, CC-BY-SA-4.0; **Wiesen-Salbei:** Tragopogon, WikiCom, CC-BY-SA-3.0; **Schema Salbeibestäubung:** Strasburger, WikiCom, PD; **S. 102: Fingerwurz:** Jörg Hempel, WikiCom, CC-BY-SA-3.0; **Pollenpaket:** Andreas Gigon; **Einzelblüte:** Peter Gölz, ETHZ-pics, BY-SA-4.0; **S. 103:** Jean Claessens; **S. 104 oben:** Hans Sigg, ETHZ-pics, CC-BY-SA-4.0; **unten:** Albert Krebs, ETHZ-pics, CC-BY-SA-4.0; **S. 105 links:** Siegfried Keller, ETHZ-pics, CC-BY-SA-4.0; **rechts:** Andreas Gigon; **unten:** Dag Lindgren, WikiCom, CC-BY-SA-3.0; **S. 106 links:** Jörg Hempel, WikiCom, CC-BY-SA-3.0; **rechts:** Orjen, WikiCom, CC-BY-SA-3.0; **S. 107:** Nathan Wilson, WikiCom, CC-BY-SA-4.0; **S. 108: Rot-Klee:** Peter und Ruth Bolliger; **Hornklee:** Albert Krebs, ETHZ-pics, CC-BY-SA-4.0; **Hopfenklee:** Albert Krebs, ETHZ-pics, CC-BY-SA-4.0; **Esparsette:** Felix Stauffer; **Hufeisenklee:** Don Mafredo, WikiCom, CC-BY-SA-3.0; **Berg-Klee:** Bernd Haynold, WikiCom, CC-BY-SA-3.0;

Hauhechel: Michael Wiesner; **S. 109: Bestäubung Wundklee:** Ivar Leidus, WikiCom, CC-BY-SA-4.0; **Wundklee:** H. Zell, WikiCom, CC-BY-SA-3.0; **Reh:** H. M. Antson, WikiCom, CC-BY-SA-4.0; **arbuskuläre Mykorrhiza:** Msturmel, WikiCom, PD; **Springschwänze:** Thomas Bresson WikiCom, CC-BY-3.0; **Wurzelknöllchen:** Andreas Gigon; **S. 110:** Albert Krebs, ETHZ-pics, CC-BY-SA-4.0; **S. 111: Trespenblüte:** Andrea Moro, WikiCom, CC-BY-SA-4.0; **Trespen:** Andreas Gigon; **Spinnennetz:** Andreas Gigon; **Springschwänze:** Thomas Bresson WikiCom, CC-BY-3.0; **Heupferd:** Hans Christian Möller, WikiCom, CC-BY-SA-3.0; **S. 112 links:** Albert Krebs, ETHZ-pics, CC-BY-SA-4.0; **rechts:** Albert Krebs, ETHZ-pics, CC-BY-SA-4.0; **S. 113: Schwebfliege:** Albert Krebs, ETHZ-pics, CC-BY-SA-4.0; **Wespe:** Alvesgaspar, WikiCom, CC-BY-SA-3.0; **Kuckucksspucke:** Myriluna, Wiki-Com, CC-BY-SA-3.0; **Blutzikade:** Mathias Krumbholz, WikiCom, CC-BY-SA-3.0; **S. 114: Blütenstand Möhre:** Rudolf Schäfer, Flickr, CC-BY-SA-2.0; **Möhrenpflanzen:** Christian Fischer, WikiCom, CC-BY-SA-3.0; **Wanzen:** Heide Blum; **Weichkäfer:** Rosa-Maria Rinkl. WikiCom, CC-BY-SA-4.0; **Mauerbiene:** Albert Krebs, ETHZ-pics, CC-BY-SA-4.0; **Samen:** Albert Krebs, ETHZ-pics, CC-BY-SA-4.0; **Spinnennetz:** Bev Sykes, Flickr, CC-BY-SA-2.0; **S. 115 links:** Rudolf Schäfer, Flickr, CC-BY-SA-2.0; **rechts:** Hallvard Elven, WikiCom, CC-BY-SA-4.0; **S. 116: Raupe:** Albert Krebs, ETHZ-pics, CC-BY-SA-4.0; **Falter:** Didier, Flickr, CC-BY-SA-2.0; **Falter auf Hand:** Dr Mary Gillham Archive Project, Flickr, CC-BY-2.0; **Schlafstättenblume:** Albert Krebs, ETHZ-pics, CC-BY-SA-4.0; **S. 117: Hummelnest:** Pahazzard, WikiCom, CC-BY-SA-3.0; **Mäusestelle:** Andreas Gigon; **Feldmaus:** Dieter TD, WikiCom, CC-BY-SA-3.0; **S. 118 beide:** Andreas Gigon; **S. 121:** Andreas und Maria Gigon.

8. Feuchtwiese (Ried)

S. 122: Peter und Ruth Bolliger; **S. 123: Lichtnelke:** Felix Stauffer; **Labkraut:** Bjoertvedt, WikiCom, CC-BY-SA-3.0; **Mädesüß:** Andreas Gigon; **Gilbweiderich:** Malte, WikiCom, CC-BY-SA-3.0; **Alant:** Ivar Leidus, WikiCom, CC-BY-SA-4.0; **Kratzdistel:** Uwe Horst Friese, Wiki-Com, CC-BY-SA-3.0; **Lungen-Enzian:** Michael Wiesner; **Betonie:** Andreas Gigon; **Abbisskraut:** Peter Bolliger; **Herbst-Zeitlose:** Enrico Blasutto, WikiCom, CC-BY-SA-3.0; **S. 124:** Ivar Leidus, WikiCom, CC-BY-SA-4.0; **S. 125: Kleine Orchis:** Joachim Lutz, WikiCom, CC-BY-SA-4.0; **Fingerwurz:** Michael Wiesner; **Händelwurz:** ArtMechanic, WikiCom, CC-BY-SA-3.0; **Stendelwurz:** Bernd Haynold, WikiCom, CC-BY-SA-2.5; **Einzelblüte:** Peter Gölz, ETHZ-pics, CC-BY-SA-4.0; **S. 126 oben:** Albert Krebs, ETHZ-Pics, CC-BY-SA-4.0; **unten:** Robert Flogaus-Faust, WikiCom, CC-BY-SA-4.0; **S. 127: Zaunwinde:** Albert Krebs, ETHZ-Pics, CC-BY-SA-4.0; **Vogel-Wicke:** Andreas Gigon; **Spinne:** Albert Krebs, ETHZ-Pics, CC-BY-SA-4.0; **S. 128: Graureiher:** Frauke Feind, Pixabay, CC-BY-SA-2.0; **Sumpfschrecke:** G.-U. Tolkiehn, WikiCom, CC-BY-SA-3.0; **Ochsenauge:**

Philipp Weigell, WikiCom, CC-BY-SA-3.0; **S. 129: Biene:** German Circle, WikiCom, CC-BY-SA-4.0; **Furchenbiene:** H. Wildermuth; **Ackerhummel:** H. Wildermuth; **Schwebfliege:** Hans Hillewaert, WikiCom, CC-BY-SA-4.0; **Ochsenauge:** H. Wildermuth; **Abbisskraut:** Josef Forster; **Blattrosette:** Fornax, WikiCom, CC-BY-SA-3.0; **Heidelibelle:** Alvesgaspar, WikiCom, CC-BY-2.5; **Kreuzspinne:** H. Wildermuth; **Labyrinth-Spinne:** Charles J. Sharp, WikiCom, CC-BY-SA-4.0; **S. 131:** Andreas und Maria Gigon.

9. Alpine Rasen

S. 132: Felix Stauffer; **S. 133:** Thommybe, WikiCom, CC-BY-SA-3.0; **S. 134: Kuh-Schelle:** Felix Stauffer; **Nelkenwurz:** Uoaei1, WikiCom, CC-BY-SA-4.0; **Kochs Enzian:** Pixabay; **Höswurz:** Felix Stauffer; **Katzenpfötchen:** Albert Krebs, ETHZ-Pics, CC-BY-SA-4.0; **Fingerkraut:** Enrico Blasutto, WikiCom, CC-BY-SA-3.0; **Tüpfel-Enzian:** Simon Eugster, WikiCom, CC-BY-SA-3.0; **Pyramiden-Günsel:** Jean-Pol Grandmont, WikiCom, CC-BY-SA-3.0; **Schweizer Löwenzahn:** Andreas Gigon; **Hauswurz:** Barbara Studer, WikiCom, CC-BY-SA-3.0; **Glockenblume:** Tigerente, WikiCom, CC-BY-SA-3.0; **Purpur-Enzian:** Audrius Meskaukas, WikiCom, CC-BY-SA-3.0; **S. 135:** Felix Stauffer; **S. 136: Brillenschötchen:** Jerzy Opioła, WikiCom, CC-BY-SA-3.0; **Clusius Enzian:** Boschfoto, WikiCom, CC-BY-SA-4.0; **Teufelskralle:** Tigerente, WikiCom, CC-BY-SA-3.0; **Leinkraut:** Sverrre Stølen; **Sonnenröschen:** H. Zell, WikiCom, CC-BY-SA-3.0; **Silberwurz:** Jörg Hempel, WikiCom, CC-BY-SA-3.0.de; **Läusekraut:** Jerzy Opioła, WikiCom, CC-BY-SA-3.0; **Alpen-Distel:** Peter Bolliger; **Alpen-Aster:** Peter und Ruth Bolliger; **Greiskraut:** Meneerke bloem, WikiCom, CC-BY-SA-3.0; **Skabiose:** unbekannt, ETHZ-Pics, CC-BY-SA-4.0; **Silberdistel:** Peter und Ruth Bolliger; **S. 137 links:** Andreas Gigon; **Mitte:** Konrad Lauber; **rechts:** Hans R. Reinhard, ETHZ-Pics, CC-BY-SA-4.0; **unten:** Michael Schmid, WikiCom, CC-BY-SA-2.0; **S. 139 Alpen-Klee:** Josef Steufer, WikiCom, CC-BY-2.0; **Wundklee:** Albert Krebs, ETHZ-Pics, CC-BY-SA-4.0; **Hornklee:** Barbara Studer, WikiCom, CC-BY-SA-3.0; **Wurzelknöllchen:** Andreas Gigon; **S. 140 beide:** Andreas Gigon; **S. 141: Kratzdistel:** Andreas Gigon; **Habichtskraut:** Andreas Gigon; **Thymian:** Olivier Pichard, WikiCom, CC-BY-SA-3.0; **Borstgras:** Conny, WikiCom, CC-BY-SA-3.0; **Wurzelraum:** Andreas Gigon; **S. 142 oben:** Friedrich Haag, WikiCom, CC-BY-SA-4.0; **unten:** Tigerente, WikiCom, CC-BY-SA-3.0; **S. 143 links:** Tigerente, WikiCom, CC-BY-SA-3.0; **rechts:** Björn S., WikiCom, CC-BY-SA-2.0.

10. Acker

S. 144 links: Löwe 48, WikiCom, CC-BY-SA-3.0; **rechts:** Science 58, WikiCom, CC-BY-SA-4.0; **S. 145: Kartoffelblüte:** pxhere.com/de/photo/566087, CC0 1.0; **Greiskraut:** Andreas Gigon; **Taubnessel:** Bernd H, WikiCom, CC-BY-SA-2.5; **Ehrenpreis:** Strobilomyces, WikiCom, CC-

BY-SA-3.0; **Knöterich:** Albert Krebs, ETHZ-pics, CC-BY-SA-4.0; **S. 146 links:** Mieoli, WikiCom, CC-BY-SA-4.0; **rechts:** AnRo0002, WikiCom, CC-BY-SA-1.0; **S. 147: Mohn:** Alain Gérard, WikiCom, CC-BY-SA-4.0; **Kamille:** Alvesgaspar, WikiCom, CC-BY-SA-3.0; **Kornblume:** Felix Stauffer; **Acker-Senf:** Hectonichus, WikiCom, CC-BY-SA-3.0; **S. 148: Florfliege:** Siegfried Keller, ETHZ-pics, CC-BY-SA-4.0; **Larve:** Siegfried Keller, ETHZ-pics, CC-BY-SA-4.0; **Vergissmeinnicht:** Sedum Tuono Erik, WikiCom, CC-BY-SA-2.5; **S. 149: Acker-Hahnenfuß:** Stefan.Lefnaer, WikiCom, CC-BY-SA-4.0; **Erdrauch:** Peter und Ruth Bolliger; **Same:** Friedrich Böhringer, WikiCom, CC-BY-SA-2.5; **S. 150 links:** Smudge 9000, Flickr, CC-BY-SA-2.0; **rechts:** Maurice Flesier, WikiCom, CC-BY-SA-3.0; **S. 151 oben:** Friedrich Böhringer, WikiCom, CC-BY-SA-2.5; **unten:** Albert Krebs, ETHZ-pics, CC-BY-SA-4.0; **S. 153:** Andreas und Maria Gigon.

11. Seeufer

S. 154: Elisabeth Ortner; **S. 155:** Elias Landolt; **S. 156: Sumpf-Dotterblume:** Michael Gäbler, WikiCom, CC-BY-SA-3.0; **Blutweiderich:** BS Thunerhof, WikiCom, CC-BY-SA-3.0; **Sumpf-Schwertlilie:** Jörg Hempel, WikiCom, CC-BY-SA-3.0; **S. 157: Laichkraut:** Christian Fischer, WikiCom, CC-BY-SA-3.0; **Seerose:** Jaceck Halicki, WikiCom, CC-BY-SA-4.0; **Wasser-Hahnenfuß:** Christian Fischer, WikiCom, CC-BY-SA-3.0; **Wasserlinse:** 3268zauber, WikiCom, CC-BY-SA-3.0; **Frösche:** Andreas Gigon; **S. 158 links:** WikiCom, CC-BY-SA-3.0; **rechts:** Andreas Gigon; **unten:** Jik jik, WikiCom, CC-BY-SA-3.0; **S. 159 links:** Andreas Trepte, WikiCom, CC-BY-SA-2.5; **Mitte:** Bernard Dupont, WikiCom, CC-BY-SA-2.0; **rechts:** Waöd1 Seidel, WikiCom, CC-BY-SA-4.0; **S. 160:** A. Heitzmann; **S. 161 links:** Andreas Trepte, WikiCom, CC-BY-SA-2.5; **rechts:** L. B. Tettenborn, WikiCom, CC-BY-SA-3.0; **S. 162 oben:** Se90, WikiCom, CC-BY-SA-3.0; **unten:** Frank Fox, WikiCom, CC-BY-SA-3.0; **S. 163:** purperlibel, iNaturalist, CC-BY-SA-4.0; **S. 164:** H. Vicentini; **S. 165:** D. Gordon E. Robertson, WikiCom, CC-BY-SA-3.0; **S. 166:** Phoenix-Five, WikiCom, CC-BY-SA-4.0; **S. 167: Buntspecht:** Hangsna, WikiCom, CC-BY-SA-4.0; **Kohldistel:** Albert Krebs, ETHZ-pics, CC-BY-SA-4.0; **Biber:** Rufus 46, WikiCom, CC-BY-SA-4.0; **Königslibelle:** Ken Billington, WikiCom, CC-BY-SA-3.0; **Stockente:** Hörg Hempel, WikiCom, CC-BY-SA-2.0; **Teichfrosch:** Manfred Heyde, WikiCom, CC-BY-SA-3.0; **Elritzen:** Pmau, WikiCom, CC-BY-SA-4.0.

12. Bedeutung Symbiosen

S. 169: Andreas Gigon; **S. 173:** Andreas Gigon.

Register der deutschen und der entsprechenden wissenschaftlichen Namen der Arten und Artengruppen

Der Platzersparnis und Übersichtlichkeit wegen wurden in diesem Buch z. T. nur die Gattungsnamen angegeben; das folgende Register enthält, soweit sinnvoll, nun auch die betreffenden Artnamen. Außerdem enthält es auch die Namen der Pflanzenarten, mit denen die im Buch erwähnten Pflanzengesellschaften charakterisiert werden.
Die Artnamen in den Vegetationstabellen des Buchenwaldes und der Magerwiese auf S. 70 bzw. S. 119–120 sind in diesem Register nicht aufgeführt.
Das in etlichen Artnamen vorkommende, veraltet wirkende Adjektiv «gemein» wird durch «gewöhnlich» ersetzt. Fett gesetzte Zahlen verweisen auf Abbildungen.

Register der wissenschaftlichen Namen der Arten und Artengruppen

Dieses Register enthält auch die Namen der Pflanzenarten, mit denen die im Buch erwähnten Pflanzengesellschaften charakterisiert werden.
Die Artnamen in den Vegetationstabellen des Buchenwaldes und der Magerwiese auf S. 70 bzw. S. 119–120 sind in diesem Register nicht aufgeführt.

Die Autoren

Andreas Gigon wuchs im französisch- und im deutschsprachigen Teil der Schweiz sowie im Tessin auf. Studium der Naturwissenschaften an der Eidgenössischen Technischen Hochschule in Zürich. Diplomarbeit über Stickstoff- und Wasserhaushalt in Magerwiesen bei Heinz Ellenberg. Doktorarbeit über experimentelle Ökologie alpiner Rasen auf Silikat- und auf Karbonatboden bei Elias Landolt. An der Stanford Universität (USA) fast zweijährige Forschungsarbeit über Ökophysiologie und Konvergenz mediterraner Sträucher sowie Lecturer zu Soil-plant relationships. Ab 1972 Dozent, 1985–2007 Professor für Pflanzenökologie und Naturschutzbiologie an der ETH Zürich. Gründungsmitglied des ETH-Studienganges Umweltnaturwissenschaften. Forschungsschwerpunkte (über 100 Fachartikel und -bücher): Koexistenz und positive Interaktionen in Wiesen-Ökosystemen, Erhaltungsmaßnahmen für Trockenrasen und Feuchtwiesen, Ökologie von Neophyten, Grundlagen des Naturschutzes.

Felix Stauffer wuchs am Zürichsee auf. 1974 Primarlehrerpatent, 1974–1980 Biologie-Studium an der Universität Zürich, Nebenfächer Biochemie und Physikalische Chemie. 1977 Auslandssemester an der Cornell University, Ithaca, NY (USA), am Department of Neurobiology and Behavior bei Th. Eisner und Teaching Assistant bei W.T. Keeton. Masterarbeit bei Rüdiger Wehner zur Bedeutung einer speziellen Augenregion für die E-Vektor-Detektion bei Honigbienen. 1980–1994 Gymnasiallehrer für Biologie an der Kantonsschule Küsnacht, 1980–2018 an der Kantonsschule Zürcher Oberland, viele Semesterprojekte zu Wiesen-, Wald-, Bach- und See-Ökosystemen im Zürcher Oberland. Mitarbeit in verschiedenen Gremien und Funktionen im Bereich der Schnittstelle Gymnasium-Hochschule.

1. Auflage: 2024

ISBN 978-3-258-08362-9

Gestaltung und Satz: Roman Bold & Black, D-Köln
Lektorat: Claudia Huber, D-Erfurt

Wir verwenden FSC®-zertifiziertes Papier. FSC® sichert die Nutzung der Wälder gemäß sozialen, ökonomischen und ökologischen Kriterien.
Gedruckt in Slowenien

MIX
Papier | Fördert gute Waldnutzung
FSC® C106954
FSC www.fsc.org

Diese Publikation ist in der Deutschen Nationalbibliografie verzeichnet.
Mehr Informationen dazu finden Sie unter http://dnb.dnb.de.

Der Haupt Verlag wird vom Bundesamt für Kultur für die Jahre 2021–2024 unterstützt.

Sie möchten nichts mehr verpassen?

Folgen Sie uns auf unseren Social-Media-Kanälen und bleiben Sie via Newsletter auf dem neuesten Stand.

www.haupt.ch/informiert

Wir verlegen mit Freude und großem Engagement unsere Bücher. Daher freuen wir uns immer über Anregungen zum Programm und schätzen Hinweise auf Fehler im Buch, sollten uns welche unterlaufen sein.

www.haupt.ch